나무가 좋아지는 나무책

일러두기

이 책은 2009년 〈다른 세상〉에서 나온 『나무가 좋아지는 나무책』을 개정증보해 펴냈습니다.

나무가 좋아지는 나무책

생강나무에서 자작나무까지, 사계절을 빛내는 우리 곁의 나무 65

박효섭 지음

궁리
KungRee

개정판을 내며

『나무가 좋아지는 나무책』이 10년 만에 새 옷을 입고 다시 나왔어요. 카메라를 들고 설레는 마음으로 숲을 찾아갑니다. 10년 전만 해도 봄이면 나무마다 꽃이 피는 순서가 있었어요. 그런데 요즘은 꽃들이 곳곳에서 한꺼번에 폭죽처럼 피어나요. 특별히 신경 쓰지 않으면 미처 보지 못한 채 지나치기 일쑤이지요. 나무가 빛나는 순간들을 간직하려면 정신을 바짝 차려야 해요.

뒷동산에서 우연히 만난 황금빛 가득한 튤립나무 숲, 노란 꿀주머니와 꽃자루에 하얀 털을 소복이 달고 추위를 이기는 생강나무 꽃의 씩씩한 모습, 너무 높다랗게 달려서 아래에서 찾아보기가 힘든 메타세쿼이아의 너무나도 작은 암꽃 모습 등등…… 누가 알아보든 말든 나무들은 묵묵히 자신의 자리에서 빛나는 순간들을 보내고 있었어요.

나무들과 부대끼면서 나무 하나하나가 간직하고 있는 신비스러운 생명 활동에 새삼 놀랄 때가 많아요. 그 놀라움을 그냥 스쳐버리고 싶지 않아요. 간직하고 싶어요. 나누고 싶어요. 그러므로 이 책은 나의 나무 이야기이자 내가 나누고픈 나무 이야기이기도 하답니다.

개정판을 내면서 관찰한 내용을 새롭게 고치거나 추가했어요. 전체적인 디자인도 새롭게 꾸미고, 사진도 교체한 것이 적지 않아요. 요즘에는 식물을 잘 아는 사람들이 무척 많아졌어요. 식물을 소개하는 책들도 많이 나왔고 인터넷으로 검색만 하면 식물에 대한 정보를 쉽게 접할 수 있지요. 그렇지만 이 책을 읽고 나무가 좋아졌다는 말을 듣고 싶은 마음은 예전이나 지금이나 마찬가지예요.

신비롭고 경이로운 세계에 초대해요

우리는 홀로 살아가지 못해요. 언제나 남과 함께 살아가지요. 우리가 함께 살아가는 '남'은 사람뿐만이 아니에요. 우리가 사는 이 세계는 수없이 많은 생명체가 살아가는 세계이기도 해요. 이 세계는 나만의 세계가 아니라 우리들의 세계이며, 이 우리들 속에는 인류뿐만이 아니라 이 세계에 존재하는 수많은 생명체가 다 포함되어 있어요.

생명체 중에서 동물은 그 움직임으로 쉽게 우리의 시선을 끌어요. 그러나 늘 그 자리에 있는 식물은 특별한 때에나 우리의 눈길을 사로잡아요. 우리 곁에는 얼마나 많은 나무들이 살고 있을까요? 산이나 들로 나갈 것도 없이 바로 우리가 사는 집 주위에서, 길거리에서, 학교에서, 일터에서 우리는 매일매일 수많은 나무들을 만나요. 모르는 사람처럼, 만나도 알아보지 못하고 그냥 보고 지나칠 뿐이지요. 그런데 아는 사람을 만나면 어떨까요?

나무들도 무심히 지나치면 그뿐이지만 유심히 살펴보면 새로운 세계가 보여요. 놀랍고 신비로운 세계가! 우리가 무심히 지나치는 이 일상세계가 실은 언제나 신비로 가득한 경이로운 세계라는 사실을 나무들을 통해서 알게 되지요.

나무들은 다 고만고만해 보이고 비슷비슷해 보여도 나무 종류에 따라 그 모습이 다 달라요. 또 저마다 그 모습에 어울리는 이름을 갖고 있어요. 잎과 꽃과 열매도 갖가지이지만 이 갖가지들이 또한 다 제각각 스스로 환경에 적응하여 살아가기 위한 나름의 전략, 나름의 이유를 가지고 있어요. 이 나름의 전략, 나름의 이유들을 관찰하고 이해할 때마다 나무들의 생명현상에 경탄하게 된답니다. 나는 이 경탄이 나만의 경탄으로 끝나지 않기를 희망하는 마음으로 이 책을 썼어요. 여러분도 신비롭고 경이로운 나무들의 세계를 만나면 좋겠어요.

끝으로 이 책이 나오기까지 도움을 준 많은 분들에게 감사를 표하고 싶어요. 광릉 숲에서 어린이들과 함께 식물을 관찰하며 보냈던 시간들은 이 책의 밑거름이 되었어요. 또한 그 자체로 가슴 벅차게 행복한 순간들이었지요. 국립수목원 교육과의 여러 선생님들의 도움으로 이처럼 행복한 시간을 보낼 수 있었어요. 양형호 선생님, 최명도 선생님, 서동철 군은 사진 촬영에 많은 조언을 주었을 뿐만 아니라 당신들이 찍은 귀한 사진을 기꺼이 제공해 주시기도 하였어요. 한양순 선생님, 정경옥 선생님은 책을 쓰는 데 여러 가지로 조언을 아끼지 않으셨어요. 박찬숙 선생님은 개정판에 좋은 사진을 제공해 주셨어요. 진길화 선생님은 기꺼이 다리가 되어 주셨지요.

사랑하는 남편 윤재민과 아들 강호, 딸 새날과도 이 책의 출간을 함께 기뻐하고 싶어요. 남편 윤재민은 책을 처음 계획할 때부터 물심양면으로 격려를 아끼지 않았어요. 첫 번째 독자로서 한자어 표기와 어색한 표현을 꼼꼼히 검토하고 다듬어 주어 항상 든든한 버팀 나무가 되어 주었어요. 딸 새날도 초판에 이어 개정판을 다시 읽고 교정을 도와주기도 하였지요. 초판을 만들어 주신 다른세상, 그리고 개정판 작업을 함께한 궁리출판 여러분들께도 깊은 감사를 표합니다.

　　이 책을 통해 누군가에게 새로운 세상이 열리길 바라며……

2020년 5월

박효섭

가을을 물들이는 나무

겨울을 지키는 나무

찾아보기

봄을 알리는 나무

생강나무

녹나무과, 생강 냄새가 나는 나무

- 잎이 지는 작은키나무, 잎: 하트 모양

- 꽃: 암수딴그루, 노란색, 3~4월

- 열매: 자줏빛 도는 검은색, 둥근 모양, 9월

먼 산에 눈과 얼음이 아직 녹지 않은 이른 봄이면 숲속에서 노란 생강나무 꽃이 피어요. 생강나무 꽃과 산수유 꽃은 모두 색이 노랗고 모양이 비슷해 헷갈리기가 쉽지요. 생강나무 꽃은 꽃자루가 보이지 않게 줄기에 뭉쳐서 달려요. 하지만 산수유 꽃은 꽃자루의 길이가 길고 우산살처럼 퍼져 있어요. 게다가 나무껍질이 너덜너덜 붙어 있지요. 흔히 마을 부근에 피어 있으면 산수유 꽃, 숲속에서 피어 있으면 생강나무 꽃으로 볼 수 있어요.

생강나무는 잎을 비비거나 가지를 자르면 생강 냄새가 나서 붙여진 이름이에요. 옛날 생강이 귀하던 시절에는 생강나무 잎을 생강 대신 사용했을 정도예요. 우리 조상들은 생강나무 꽃이 많이 피면 풍년이 들고 띄엄띄엄 피면 흉년이 든다고 보았어요. 황금처럼 노란 생강나무 꽃을 '금은보화'라고 생각했거든요.

생강나무는 암꽃과 수꽃이 서로 다른 나무에 피지요. 생강나무 꽃은 향기가 진해요. 꽃잎 깊숙이 여러 개의 꿀주머니를 숨겨 놓았거든요. 가지에 작은 꽃 여러 송이가 옹기종기 착 붙어 있는 모습이 사랑스럽지요.

꽃은 꽃가루받이를 통해 씨앗을 만들어요. 수술에 있는 꽃가루가 암술머리에 닿는 것을 꽃가루받이라 해요. 생강나무 암꽃은 꽃가루받이가 끝나면 하얀 털이 소복이 난 꽃자루를 점점 크게 키워요. 노란 화피는 떨어지지 않고 점점 커가는 어린 열매를 감싸서 보호해요. 일찍 맺은 열매를 추위로부터 보호하려는 듯해요. 마치 어린 열매를 안전하게 지키는 보디가드 같아요. 열매 속에는 씨앗이 들어 있지요. 화피(花被)는 꽃잎과 꽃받침의 구분이 없이 합쳐진 것으로 수술과 암술을 보호하는 기관을 말해요.

꽃: 꽃은 꽃자루가 없는 것처럼 보이며 가지에 여러 송이가 뭉쳐서 달린다.

잎: 하트 모양의 잎과 끝부분이 3~5갈래로 갈라진 잎이 있다. 잎 가장자리가 밋밋하다.

열매: 둥근 모양으로 검게 익는다.

줄기: 나무껍질은 회갈색으로 숨구멍 역할을 하는 흰 점이 있다.

수꽃

암꽃

잎

잎

열매

꽃이 지고 나면 잎이 나오기 시작해요. 추위에 얼까 봐 털옷을 입고 나오는 새잎은 예쁜 강아지 귀같이 귀여운 모습이지요. 한 나무에 두 종류의 잎 모양이 있어요. 하나는 하트 모양이에요. 다른 하나는 윗부분이 크고 둥글게 셋으로 갈라진 하트 모양이지요. 윗부분이 셋으로 갈라진 큰 잎은 가지 위쪽에 놓고 심장 모양의 작은 잎은 주로 가지 밑쪽에 매달아 두었어요. 조금이라도 더 햇빛을 많이 모으려는 생강나무의 마음이 느껴지지 않나요? 갈라진 잎은 잎 면적을 넓혀 햇빛을 더 많이 받고 조금이라도 빗방울이 잎에서 빨리 떨어지기를 바라는 마음이 담겨 있는 것 같아요.

우리나라 중부 이북 지방에서는 생강나무를 '동백나무'라고 불렀어요. 중부 이북 지방은 날씨가 추워서 동백나무가 자라지 못해요. 그래서 유명한 동백기름 대신 생강나무 열매로 기름을 짜서 썼대요. 김유정의 소설 『동백꽃』에 나오는 '노란 동백꽃'은 사실 생강나무 꽃이랍니다.

 조금만 더

🌰 **생강나무(녹나무과):** 꽃은 꽃자루가 없는 것처럼 보이며 여러 개의 작은 꽃이 모여서 핀다. 줄기가 갈라지지 않고 흰 점이 있다.

🌰 **산수유(층층나무과):** 꽃은 꽃자루가 길고, 꽃자루가 우산살처럼 퍼져서 핀다. 나무껍질이 벗겨져 너덜너덜하다.

산수유

층층나무과, 열매가 귀한 약재로 쓰이는 노란 봄꽃나무

- 잎이 지는 중간키나무, 잎: 달걀 모양
- 꽃: 암수한그루, 노란색, 3~4월
- 열매: 빨간색, 긴 달걀 모양, 9~10월

이른 봄 햇살에 큰 꽃눈이 벌어지고, 산수유 꽃 뭉치들이 노란 꽃망울을 터뜨려요. 산수유는 무려 20~30개나 되는 작고 둥근 노란 꽃송이가 하나의 꽃 뭉치를 이루고 있어요. 가지마다 여러 개의 꽃 뭉치가 달렸으니 얼마나 아름다울까요?

산수유는 보통 마을 근처에 심고 가꿔요. 수백 그루의 산수유 꽃이 서로 어우러져 피어 있는 모습은 정말 화사하지요. 그래서 봄이면 많은 사람이 산수유 꽃축제가 열리는 곳을 찾는답니다.

산수유 꽃은 크기가 작지만, 암술과 수술이 한 나무에 모두 있어요. 그리고 향기가 별로 없는 대신 꽃 색이 선명해서 꽃가루받이에는 크게 문제가 없어요. 오히려 꽃이 꾸준히 쉬지 않고 피기 때문에 곤충들이 좋아해요. 덕분에 산수유가 많이 피는 양지바른 언덕은 봄이면 많은 곤충 때문에 정신이 없을 지경이랍니다.

가을이면 나무 가득 열리는 긴 달걀 모양 빨간 열매도 매력적이에요. 초록 잎 속에서 빨갛게 익어 가는 열매는 초록과 대비되어 더욱더 도드라지지요. 산수유 열매는 보기 좋을 뿐 아니라 기운을 돋우는 귀한 약재이기도 해요. 그래서 한때는 '산수유 한 그루면 자식들 대학 등록금 걱정이 없다.'라는 뜻에서 '대학나무'라는 별명으로 불리기도 했답니다.

산수유는 이른 봄에 꽃이 피는 다른 나무들처럼 꽃이 먼저 피고 잎이 나중에 나와요. 산수유 잎 뒷면 중심 맥 주변에는 털이 뭉쳐 있어요. 마치 먼지가 쌓여 있는 것같이 보이기도 해요. 왜 중심 맥 주변에만 털이 많을까요? 잎맥은 잎에서 만든 영양 덩어리와 물이 지나는 중요한 통로예요. 특히

꽃: 꽃은 꽃자루가 길며, 20~30개가 우산살처럼 펼쳐진다.

열매: 열매는 긴 달걀 모양으로 붉게 익는다.

잎: 달걀 모양으로 잎 가장자리가 밋밋하다.

줄기: 연한 갈색으로 나무껍질이 벗겨진다.

꽃

잎

열매

줄기

중심 맥은 '잎의 중심 통로'라고 할 수 있지요. 잎을 먹으러 온 곤충들이 실수로 중심 맥에 상처를 내면 멀쩡하던 잎이 순식간에 쓸모없어져요. 그래서 중심 맥을 지키려고 몸에 닿으면 따끔하고 간지러운 털을 잔뜩 붙여 놓은 것이랍니다. 많은 열매를 키우려면 낭비 없는 철저한 관리가 무엇보다 중요하거든요.

산수유 잎은 같은 과에 속하는 산딸나무 잎과 비슷해 꽃이 지고 잎만 있으면 종종 혼동할 수가 있어요. 산수유 잎은 가장자리가 밋밋한데 산딸나무 잎은 잎 가장자리가 물결 모양으로 약간씩 굴곡이 있어 쉽게 구분이 돼요. 그래도 구분이 어려우면 나무껍질을 보세요. 산수유는 나무껍질이 엷은 갈색으로 넓은 비늘 조각처럼 떨어지지만, 산딸나무는 나무껍질이 갈라지지 않고 매끈하답니다.

조금만 더

🌰 **산수유(층층나무과)**: 잎의 가장자리가 밋밋하다. 나무껍질이 넓은 비늘 조각처럼 떨어진다.

🌰 **산딸나무(층층나무과)**: 잎의 가장자리가 물결 모양으로 약간씩 굴곡이 있다. 나무껍질이 매끈하다.

버드나무

버드나무과, 이른 싹으로 봄을 알리는 나무

- 잎이 지는 큰키나무, 잎: 피침 모양
- 꽃: 암수딴그루, 암수꽃 모두 연두색, 꼬리 모양, 4월
- 열매: 털이 달린 작은 씨앗, 5월

아직 추운 3월 버드나무가 가장 먼저 연한 연두 빛깔로 꽃을 피우고 싱그러운 잎을 틔우기 시작해요. 꽃대에 털이 나 있기 때문에 추운 날씨에도 잘 견딜 수 있지요. 이른 봄 물가나 공원에서 연둣빛이 감도는 나뭇가지를 가진 나무를 봤다면 거의 100퍼센트 버드나무를 본 것으로 생각해도 좋아요.

버드나무는 나무 가운데 가장 먼저 잎을 달 뿐만 아니라 가장 늦게까지 잎을 달고 있지요. 그리고 물이 있는 시냇가와 연못가를 좋아해요. 게다가 물을 깨끗하게 하는 능력이 뛰어나 예로부터 우물가나 연못가에 많이 심었어요.

버드나무는 물기가 많은 곳을 좋아해요. 하지만 한번 뿌리를 내리면 메마른 곳이나 비옥한 곳이나 잘 자라요. 심지어 거꾸로 심어도 문제없이 자란대요. 정말 대단하지 않나요?

버드나무는 잘 자랄 뿐 아니라 대기 오염에도 아주 강해요. 아무리 공기가 나쁜 곳에서도 잘 자라지요. 물론 공기가 나쁜 곳에서 자라는 다른 나무들처럼 나쁜 공기를 깨끗하게 만들어서 우리에게 좋은 산소를 뿜어 주지요.

무엇보다 버드나무는 많은 벌레가 괴롭혀도 문제없이 잘 자라요. 그래서 400여 종류가 넘는 풀벌레들이 버드나무에서 살아요. 연한 잎이 돋아나는 봄날, 버드나무에 가면 많은 곤충들을 관찰할 수 있어요.

버드나무는 암꽃과 수꽃이 서로 다른 나무에서 피어요. 암나무와 수나무가 따로 있지요. 암꽃과 수꽃 모두 예쁜 꽃잎은 따로 없어요. 수꽃은 노란 빛 나는 꽃가루 주머니를 많이 달고 있어서 벌들이 많이 모여들고 눈에도 잘 띄어요. 암꽃은 은은한 초록색이라 눈에 잘 띄지 않지요. 수술대와 암술

꽃: 1~2cm 정도로 꼬리 모양이며 연둣빛으로 암꽃과 수꽃이 다른 나무에서 핀다.

열매: 꽃이 지고 나면 바로 열매가 익어서 5월이면 흰 솜털이 달린 열매를 볼 수 있다.

잎: 가늘고 길며 끝이 뾰족하고 중간쯤부터 아래쪽이 약간 볼록하다. 가장자리에 톱니가 있다.

줄기: 검은 갈색 나무껍질이 얕게 갈라져 있다.

수꽃

암꽃

열매

줄기

머리 밑에는 털이 많이 나 있어서 추위를 잘 견뎌요.

대부분의 나무는 가을이면 열매가 익지만, 버드나무는 봄에 꽃이 지고 나면 바로 열매가 익어요. 5월이면 열매에 달린 흰 솜털의 도움으로 먼 곳을 향해 바람을 타고 날아다니는 모습을 볼 수 있지요. 씨앗이 많이 날릴 때는 마치 겨울철 눈이 흩날리는 것 같아요. 꽃가루 알레르기가 있는 사람들은 버드나무 씨앗을 꽃가루로 잘못 알고는 괜히 무서워해요.

혹시 버드나무 씨앗 때문에 버드나무를 싫어하는 친구가 있다면 버드나무로 피리를 불어 주세요. 버들잎을 접어 불면 간드러진 피리 소리가 나요. 버들잎으로 부는 피리가 바로 버들피리예요. 버들잎이 싫다면 버드나무 가지로 '호드기'라는 피리를 만들어 보세요.

물이 잘 오른 버드나무 가지를 잘라 비틀면 껍질은 껍질대로 속은 속대로 겉돌아요. 벗겨 낸 껍질의 한쪽 끝을 살짝 긁어내고 파란색이 도는 속껍질은 남겨서 불면 멋진 소리가 나요.

버드나무 가지는 멋진 피리뿐 아니라 우리에게 꼭 필요한 약도 선물해 줘요. 버드나무 가지를 꺾어 맛을 보면 쓴맛이 나요. 버드나무에서 나는 쓴맛은 열을 내려 주고, 아픔을 덜어 줘요. 우리가 먹는 아스피린은 버드나무의 선물이랍니다.

우리나라에서 볼 수 있는 버드나무 종류는 40가지가 넘어요. 40가지의 버드나무가 생김새도 다르고 이름도 다 다르지요. 예를 들어 버드나무는 가지가 처지지 않아요. 하지만 능수버들과 수양버들은 가지가 밑으로 축축 늘어지지요. 능수버들과 수양버들은 생김새가 비슷해서 어린 가지의 색깔을 보고 구별해요. 능수버들은 가지가 길게 처진 어린 가지가 노란빛 도는 녹색이고 수양버들은 붉은 갈색이라 쉽게 구별할 수 있어요.

능수버들은 원래부터 우리나라에 있던 종이에요. 조선시대에 가로수로 많이 심었다고 해요. "천안 삼거리 흥~ 능수야 버들아 흥~" 타령의 가사로 나오기도 하지요. 길게 늘어진 가지가 아름답고 특히 물가에도 잘 어울리고 좋은 그늘을 주어 많이 심고 있어요. 특히 이른 봄 노란빛 꽃을 가득 달고 바람에 흔들리는 모습은 정말 아름답지요.

시냇물이 졸졸 흐르는 이른 봄날 개울가에 가보면 버들강아지를 잔뜩 단 갯버들을 만날 수 있어요. 버들강아지는 갯버들의 꽃이에요. 회색 솜털이 복슬복슬한 강아지 털처럼 부드럽고 귀여워 버들강아지라고 부른답니다.

버들강아지의 회색 털 속에서 빨강, 노랑 빛깔의 꽃밥을 달고 작은 꽃들이 여러 송이 피어나요. 갯버들 꽃은 썩 아름답지는 않아요. 그럼에도 봄철 꽃꽂이 재료로 많이 사용하는 것은 아마도 다른 어느 꽃들보다 먼저 봄소식을 전해 주기 때문인 것 같아요.

버드나무 종류는 대부분 자라는 속도가 빨라서 나무도 부드럽고 오래 살지 못해요. 하지만 왕버들은 다른 버드나무와는 조금 달라요. 수백 년이나 살고 몸집도 아주 크지요. 그래서 '버드나무 가운데 최고'라는 뜻에서 '왕버들'이라고 불린답니다.

🐌 버드나무(버드나무과): 잎은 가늘고 길며 끝이 뾰족하고 중간쯤부터 아래쪽이 약간 볼록하다. 가지가 위로 서고 나무껍질이 얕게 갈라진다.

🐌 능수버들(버드나무과): 버드나무와 같은 모양 잎이 달린다. 가지가 밑으로 처진다. 어린 가지가 노란빛이 돈다.

🐌 수양버들(버드나무과): 버드나무와 같은 모양 잎이 달린다. 가지가 밑으로 처진다. 어린 가지가 붉은빛이 돈다.

🐌 갯버들(버드나무과): 작은키나무로 잎의 생김새가 버드나무와 같으며 꽃이 잎보다 먼저 핀다.

🐌 왕버들(버드나무과): 잎은 달걀 모양으로 가지가 위로 서고 새순이 나올 때 잎이 빨갛다. 나무껍질이 깊게 갈라진다.

진달래

진달래과, 봄을 분홍빛으로 물들이는 나무

- 잎이 지는 작은키나무, 잎: 긴 타원 모양
- 꽃: 암수한그루, 분홍색, 3~4월
- 열매: 갈색, 타원 모양, 10월

이른 봄이면 분홍색 진달래꽃이 만발해요. 진달래꽃은 봄의 시작을 알려 주는 꽃이지요. 진달래꽃이 피는 봄철은 두견새가 우는 때이기도 해요. 그래서 진달래꽃을 '두견화'라고도 불러요. 진달래꽃은 그냥 따서 바로 먹어도 괜찮은 꽃이에요. 그래서 '참꽃'이라고 불러요. 입안 가득 진달래꽃을 넣고 씹으면 살짝 시큼한 냄새와 함께 보드랍고 아삭아삭한 느낌이 아주 좋아요. 찹쌀반죽을 동글납작하게 빚어 프라이팬에 부치고 그 위에 진달래 꽃잎을 올려 주면 예쁘고 맛있는 진달래꽃 화전이 되지요.

진달래꽃은 위쪽이 5갈래로 갈라지는 통꽃이에요. 꽃잎에 있는 자주색 점은 '꿀점'이라고 하며 벌과 나비에게 꿀이 있는 곳을 알려 주는 표지판이랍니다.

진달래는 봄에 피는 꽃도 예쁘지만, 가을에 단풍이 든 붉은 잎도 아름다워요. 그런데 요즘은 이상하게 산에 진달래가 옛날만큼 많이 피지 않아요. 진달래는 거칠고 메마른 땅이나 큰 나무 그늘에서도 잘 자라는 나무인데 자주 볼 수 없다니 정말 묘한 일이에요.

진달래는 다른 나무들이 좋아하지 않는 메마르거나 산성인 흙을 좋아해요. 흙이 산성인 곳은 나무가 없는 벌거숭이 땅이지요. 하지만 요즘은 나무가 우거지고 영양분이 풍부해졌지요. 진분홍색 고운 진달래꽃이 줄어드는 것은 안타까워요. 그러나 벌거숭이산보다는 나무가 산뜩 우거진 산이 더 좋겠지요?

진달래가 질 즈음 은은한 연분홍색 철쭉꽃이 잎과 함께 피어나요. 철쭉은 진달래가 질 즈음에 연달아 피어나 '연달래'라고 부르기도 해요. 뜻밖에

관찰해 볼까요?

꽃: 3~6송이가 가지 끝에서 모여 피며 잎보다 먼저 피는 통꽃이다.

줄기: 회갈색으로 매끄럽다.

잎: 잎은 긴 달걀 모양이다.

열매: 원통 모양으로 길쭉하고 끝에 암술이 붙어 있는 경우가 많다.

진달래와 철쭉을 구별하지 못하는 사람이 많아요. 또 철쭉과 산철쭉을 혼동하는 때도 잦아요.

진달래가 피는 이른 봄에는 꽃을 갉아먹는 벌레가 별로 없어요. 하지만 철쭉과 산철쭉이 필 때는 온갖 곤충들이 활동해요. 그래서 철쭉은 꽃받침이 끈적끈적해요. 꽃가루받이를 돕는 곤충은 꽃잎으로 오지만, 꽃봉오리를 갉아먹는 곤충들은 꽃받침에 붙어요. 또한 철쭉은 독이 있어서 절대로 먹으면 안 되지요. '먹지 못하는 꽃'이라는 뜻의 '개꽃'이라는 이름이 괜히 붙은 게 아니에요. 산철쭉은 꽃의 색이며 잎의 생김새가 진달래를 닮았어요. 우리가 철쭉이라고 생각하는 나무의 대부분이 산철쭉이랍니다.

 조금만 더

🌰 **진달래(진달래과):** 잎이 긴 달걀 모양이고, 꽃은 진분홍색 통꽃이다. 꽃이 잎보다 먼저 핀다.

🌰 **철쭉(진달래과):** 잎이 달걀 모양이고, 꽃은 연분홍색 통꽃이다. 꽃이 잎과 함께 핀다. 꽃받침이 끈끈하다.

🌰 **산철쭉(진달래과):** 잎이 긴 달걀 모양이고, 꽃은 진분홍색 통꽃이다. 꽃이 잎과 함께 핀다. 꽃받침이 끈끈하다.

개나리

물푸레나무과, 어떤 곳에서든 노란 꽃을 피우는 나무

- 잎이 지는 작은키나무, 잎: 타원 모양

- 꽃: 암수한그루, 노란색, 3~4월

- 열매: 갈색, 달걀 모양, 9~10월

'나리나리 개나리 / 입에 따다 물고요. / 병아리떼 종종종 / 봄나들이 갑니다.'라는 노래를 들어 봤나요? 개나리 긴 가지에 수많은 꽃이 무리 지어 피어나면 세상은 온통 화사한 노란 빛으로 물들지요. 개나리는 예쁘기로 유명한 나리꽃보다 조금 못해 '개' 자가 붙어서 '개나리'라고 불러요. 나리보다 못해서 개나리라니 좀 억울하겠지요? 하지만 곰곰이 생각해 보면 개나리꽃은 나리꽃과 비교할 만큼 예쁜 꽃이라는 뜻이기도 하지요.

개나리는 우리나라 특산식물이에요. 그래서 세계 어느 나라에서도 변하지 않는 이름인 학명에 우리나라를 뜻하는 '코리아나(Forsythia koreana)'라는 말이 들어가요. 영어로는 '골든 벨(Golden bell)'이라고 해요. 꽃이 '황금으로 만든 종 모양' 같다고 해서 붙은 이름이랍니다.

개나리는 햇빛이 잘 드는 곳에서도, 그늘진 곳에서도, 메마른 땅에서도, 어느 곳에서든 씩씩하게 잘 자라요. 추위에도 강하고 공해에도 강해요. 심지어 지난해에 자란 가지를 꺾어 땅에 꽂아도 뿌리를 금방 내려요. 뿌리를 내리면 순식간에 퍼져 나가 금세 개나리로 뒤덮이게 된답니다.

개나리꽃은 두 종류가 있어요. 하나는 암술이 짧고 수술이 긴 꽃이지요. 다른 하나는 암술이 길고 수술이 짧은 꽃이에요. 두 종류의 꽃이 각각 다른 나무에서 피어나서 한 나무에는 한 종류의 꽃만 볼 수 있어요. 그런데 짧은 수술은 짧은 암술을 만나야 꽃가루받이가 되고, 긴 수술은 긴 암술을 만나야 해요. 그러니까 꽃가루받이를 하려면 서로 다른 꽃을 피우는 개나리들이 만나야 하겠지요?

그러나 개나리가 워낙 꺾꽂이로도 번식이 잘 되다 보니 옛날부터 씨앗

꽃: 종 모양의 노란 꽃이 잎보다 먼저 핀다.

줄기: 어린 가지는 녹색이지만 점차 잿빛 도는 갈색으로 되고 껍질눈이 뚜렷하다. 여러 가지가 나오고 길게 늘어져 자란다.

잎: 잎은 타원 모양으로 마주나며 가장자리가 밋밋하지만, 가끔 잎 위쪽에 톱니가 생기기도 한다.

열매: 열매는 달걀 모양으로 끝이 뾰족하고 겉에 동그란 것들이 튀어나와 있다.

꽃

잎

줄기

열매

으로 번식시키기보다는 꺾꽂이로 주로 번식을 시켜 그만 꽃의 비율이 깨지고 말았어요. 덕분에 개나리는 엄청나게 꽃을 많이 피우지만, 열매는 거의 보기 어려운 나무가 됐답니다.

개나리가 피어나기 전에 하얀 개나리처럼 보이는 꽃이 피어 있는 것을 봤다면 미선나무를 만난 거예요. 미선나무는 꽃이 개나리꽃을 닮아 '하얀 개나리'라고 부르기도 해요. 미선나무 꽃은 개나리보다 조금 작고, 연분홍빛이 돌거나 하얀 빛깔인데, 향기가 아주 좋아요. 개나리꽃은 거의 향기가 없어요. 미선나무와 개나리는 향기만으로도 구분할 수 있겠지요?

미선나무는 우리나라 특산식물인 데다 희귀식물이므로 자생지를 천연기념물로 지정하여 보호하고 있어요. 미선나무는 한자로 '미선(尾扇)'이라고 써요. 열매 모양이 부채 모양과 비슷하다고 하여 붙여진 이름이랍니다.

조금만 더

🌰 **미선나무(물푸레나무과):** 개나리는 밝은 노란색 꽃이 잎보다 먼저 피고, 미선나무는 조금 작은 연분홍 또는 하얀색의 꽃이 잎보다 먼저 핀다. 향기가 없는 개나리와 달리 미선나무는 꽃의 향기가 아주 좋다.
개나리 열매는 달걀 모양으로 끝이 살짝 뾰족하지만, 미선나무 열매는 마치 부채처럼 생겼다.

목련

목련과, 탐스러운 연꽃이 피는 나무

- 잎이 지는 큰키나무, 잎: 넓은 달걀 모양
- 꽃: 암수한그루, 흰색, 3~4월
- 열매: 빨간색, 원통 모양, 9~10월

목련꽃이 만발하면 이제부터는 따뜻한 봄이에요. '목련'은 우아한 생김새가 연꽃과 같다고 해서 '나무에 피는 연꽃'이라는 뜻에서 붙여진 이름이랍니다.

목련꽃은 항상 북쪽을 바라보며 피어나요. 햇빛을 많이 받는 남쪽 부분이 더 잘 자라기 때문에 남달리 묵직한 꽃봉오리가 자연스럽게 북쪽으로 기울기 때문이에요.

우리가 흔히 정원이나 공원에서 볼 수 있는 목련은 백목련인 경우가 많아요. 진짜 목련은 꽃잎의 폭이 좁고 꽃잎과 꽃받침이 구별 없이 6~9장 피어요. 길이가 조금 짧은 밑에 있는 꽃잎 3장은 꽃잎 같은 꽃받침이지요. 그리고 꽃이 뒤로 젖혀져서 활짝 핀답니다. 또 꽃 밑부분에 연한 붉은 줄이 있어요. 목련은 우리나라 한라산에서 저절로 자라는 우리 꽃으로 키가 10m 정도까지 자라는 아주 큰 나무랍니다.

목련 잎은 어긋나기로 달리고 잎 가장자리가 밋밋해요. 목련꽃은 꽃잎과 꽃받침의 구분이 모호해요. 꽃 중심에는 많은 수술과 암술이 나사 모양으로 빙 돌아가며 달렸어요. 암술은 암술머리, 암술대, 씨방의 구분이 없어요. 수술도 꽃밥과 수술대가 나뉘어 있지 않고 꿀샘도 없어요. 그래서 꿀을 먹는 벌과 나비 대신 꽃가루를 먹으러 오는 딱정벌레와 파리 따위가 꽃가루받이를 도와주지요. 이런 모습은 목련과에 속하는 나무들의 특징이에요.

목련과 같은 꽃을 화석과도 같은 '원시적인 꽃'이라고 해요. 원시적인 꽃은 다른 꽃에서는 나뉘어 있는 것들이 합쳐져 있어요. 목련의 암술과 수술처럼 말이에요. 게다가 사람들이 거의 모든 꽃에 있다고 생각하는 꿀도 없

꽃: 잎이 나기 전에 꽃이 피며 긴 타원형의 꽃잎을 가지고 있다. 하얀 꽃잎은 6~9장으로 아래쪽에 붉은빛이 있다. 꽃이 뒤로 활짝 핀다.

줄기: 나무껍질은 매끄러우며 짙은 회갈색이다.

잎: 어긋나기로 달린다. 넓은 달걀 모양으로 끝 쪽이 뾰족하고 가장자리가 밋밋하다.

열매: 원통 모양으로 곧거나 구부러진다. 씨앗은 달걀 모양으로 붉게 익는다.

겨울눈

꽃

잎

열매

줄기

답니다.

목련은 특이한 나무이지만 나무 관찰하는 사람들이 특히 좋아하는 나무이기도 해요. 꽃눈과 잎눈이 커서 겨울눈을 관찰하기에 아주 좋거든요. 겨울눈의 단단한 껍질 속에는 이듬해 봄에 꽃과 잎이 될 것들이 숨어 있어요.

목련은 추운 겨울 동안 겨울눈이 상하지 않도록 단단히 준비해 놓았어요. 큰 꽃눈이 줄기와 가지 끝에 있어서 찬바람이 조금 더 쉽게 와 닿아요. 그래서 혹시라도 얼지 말라고 꽃눈에 유난히 두껍고 질긴 긴 털로 만든 외투를 두 겹으로 입혀 놓았어요.

잎눈은 꽃눈에 비해 찬바람이 덜 드는 가지 옆면에 있어서 그런지 아니면 꽃눈보다 잎눈이 늦게 터지기 때문인지는 모르겠지만, 아주 짧은 털옷을 입고 있지요.

목련은 봄에 피는 꽃도 아름답지만, 가을에 익는 열매도 아주 예뻐요. 길고 울퉁불퉁한 목련 열매가 터지면 안에서 꽃처럼 보이는 빨간 씨앗들이 쏟아져요. 목련 씨앗은 가는 실에 매달려 새들이 오기를 기다린답니다.

우리가 주위에서 볼 수 있는 목련의 종류에는 목련, 별목련, 백목련, 자주목련, 함박꽃나무, 일본목련, 태산목 등 여러 가지가 있어요. 특히 별목련은 목련과 꽃이 비슷해 혼동하기 쉽지요.

목련인지 별목련인지 모르겠다면 꽃잎의 수를 세어 보면 금방 알 수 있어요. 꽃잎이 6~9장이면 목련, 꽃잎이 12~18장이면 별목련이에요.

여름이 다가오면 잎사귀 사이로 향긋한 함박꽃이 피어요. 함박꽃나무의 고향은 우리나라로 수줍게 고개 숙인 채 하루에 몇 송이씩 꾸준히 꽃을 선물해요. 북한에서는 함박꽃나무를 나라꽃으로 정하고 '나무에서 나는 난초'라는 뜻에서 '목란'이라고 부른답니다.

일본목련은 '후박나무'라고 부를 때도 있어요. 일본에서는 일본목련을 '호노키'라고 부르고, 한자로 '후박(厚朴)'이라고 써요. 우리나라에는 따뜻한 남쪽 지방에서 자라는 후박나무라는 이름의 늘푸른나무가 있어서 잘 구별해서 불러야 해요.

목련 꽃봉오리는 말려 놓았다가 차를 만들어 마시기도 해요. 목련 꽃봉오리를 한방에서는 신이(辛夷)라고 부르며 약재로 써요. 비염(鼻炎)을 치료하는 데 좋다고 하지요. 꽃뿐만이 아니라 씨앗, 나무껍질, 뿌리, 잎 등도 약재로 사용해요.

목련 가지는 향기가 좋아요. 여름철 장마가 길어져 집 안이 습기로 눅눅해지면 목련 가지를 장작으로 태워 습기를 제거하고 나쁜 냄새를 없애기도 했대요. 이처럼 꽃도 아름답고 쓰임새도 많다 보니 옛날부터 우리 선조들은 목련을 집에 많이 심고 사랑해 왔어요.

🌰 목련(목련과): 고향이 우리나라이다. 잎이 나기 전에 꽃이 핀다. 꽃잎이 꽃받침보다 길고, 꽃이 뒤로 활짝 핀다.

🌰 백목련(목련과): 고향은 중국으로 잎이 나기 전에 흰 꽃이 핀다. 꽃잎 폭이 넓고 꽃잎과 꽃받침의 길이가 거의 같다. 꽃이 반쯤 핀다.

🌰 자주목련(목련과): 백목련을 개량하여 만든 품종으로 백목련과 생김새가 같다. 꽃잎의 바깥쪽은 자줏빛이고 안쪽은 흰색이며 꽃잎이 반쯤 핀다.

🌰 함박꽃나무(목련과): 우리나라 나무로 잎이 난 뒤 흰색 꽃이 피어난다. 꽃이 밑을 향해 피는 중간키나무이다.

🌰 일본목련(목련과): 이름처럼 고향이 일본이다. 늦은 봄에 잎이 무성해진 뒤 노란빛이 도는 흰 꽃을 피운다. 잎이 20~30cm 정도로 아주 크다.

벚나무

장미과, 순식간에 피고 지는 꽃놀이 나무

- 잎이 지는 큰키나무, 잎: 달걀 모양
- 꽃: 암수한그루, 연분홍, 4~5월
- 열매: 검은색, 둥근 모양, 6~7월

하얀 벚꽃이 피는 철이면 사람들은 서둘러 꽃놀이를 떠나요. 꽃이 피는 순간을 놓치면 올해 다시는 벚꽃을 볼 수 없기 때문이에요. 벚꽃은 일주일 동안 한꺼번에 아주 많은 꽃을 피워요. 그리고 한꺼번에 꽃잎을 후드득 떨어뜨려요. 벚꽃이 질 때면 마치 하늘에서 꽃비가 내리는 것 같아요. 벚나무는 한꺼번에 많은 꽃을 피우기 때문에 60년 정도밖에 살지 못해요. 그럼에도 벚나무는 왜 계속해서 동시에 많은 꽃망울을 터뜨릴까요?

한 송이씩 천천히 피는 것보다 여러 송이의 꽃이 한꺼번에 피어 있으면 벌과 나비를 독차지할 수 있어요. 그래서 조금이라도 더 쉽게 꽃가루받이를 할 수 있지요.

사람들은 벚나무 하면 꽃을 먼저 떠올려요. 하지만 '벚나무'라는 이름은 벚나무의 열매인 버찌에서 나왔어요. 버찌는 벚나무의 목숨을 건 노력 덕분인지 해마다 많이 열려요. 버찌를 먹는 새와 동물들은 맛있는 과육을 먹고 씨앗을 이곳저곳 옮겨 주지요.

꽃이 지고 잎이 자라기 시작하면 잎에 있는 두 개의 꿀샘에서 꿀이 나와요. 개미는 꿀샘에서 나온 꿀을 먹고 다른 곤충들로부터 꽃과 어린 열매를 지켜요. 특히 벚나무 가운데 산벚나무는 잎자루 밑에 달린 작은 잎이나 잎 가장자리 톱니 끝마다 꿀샘을 가지고 있어 만지면 잎이 끈적끈적할 정도예요.

벚나무는 꽃이 지고 나면 알아보기가 쉽지 않다고 말해요. 하지만 나무껍질을 조금만 살펴보면 금방 알아볼 수 있어요. 벚나무 껍질은 숨구멍 역할을 하는 껍질눈이 가로로 나 있어 마치 가로로 띠를 두른 것 같아요.

벚나무는 꽃도 아름답지만, 나뭇결이 곱고 단단해요. 팔만대장경의 60

관찰해 볼까요?

꽃: 긴 꽃자루에 꽃송이가 2~5개 모여서 핀다. 꽃잎은 5장으로 희거나 분홍색이다.

잎: 잎은 어긋나기로 달리며 달걀 모양으로 가장자리에 겹으로 된 톱니가 있고 잎끝이 뾰족하다.

열매: 콩알 크기의 동그란 열매가 검게 익는다.

줄기: 나무껍질은 검은빛 나는 갈색으로 옆으로 벗겨진다. 숨구멍이 옆으로 줄지어 발달하여 가로로 띠를 두른 것으로 보인다.

꽃

꽃

잎

잎

열매

줄기

퍼센트 이상이 바로 산벚나무로 만들어졌다고 해요. 우리 주변에서 볼 수 있는 벚나무 종류에는 왕벚나무, 올벚나무, 개벚나무, 산벚나무 등 다양한 품종이 있어요. 다른 벚나무보다 꽃이 크고 풍성해 가장 아름답게 보이는 왕벚나무는 제주도 한라산에서만 저절로 자라요.

🐌 **조금만 더**

🌰 **왕벚나무(장미과):** 벚나무 중에서 꽃이 크고 가장 아름답다. 꽃이 잎보다 먼저 피며 꽃송이가 3~6개 달린다. 꽃받침통이 깡통 모양이며 꽃자루에 털이 있다.

🌰 **올벚나무(장미과):** 벚나무 중에서 가장 먼저 꽃이 핀다. 꽃이 잎보다 먼저 피며 꽃송이는 2~5개 달린다. 꽃받침통이 항아리 모양이며 꽃자루에 털이 있다. 다른 벚나무와 달리 줄기 밑부분의 나무껍질이 세로로 갈라진다.

🌰 **개벚나무(장미과):** 산지에서 자란다. 꽃과 잎이 함께 나오고 2~3송이의 꽃송이가 모여난다. 꽃줄기 위로 갈수록 꽃자루가 짧아진다.

🌰 **산벚나무(장미과):** 바다가 가까운 산에서 자란다. 꽃과 잎이 함께 나오고 2~3송이의 꽃이 우산 모양으로 모여난다. 어린잎은 꿀샘이 많아 끈적끈적하다.

수수꽃다리

물푸레나무과, 사랑의 마음을 전하는 나무

- 잎이 지는 작은키나무, 잎: 하트 모양
- 꽃: 암수한그루, 연보라색, 4~5월
- 열매: 갈색, 타원 모양, 9월

5월 봄바람을 타고 어디선가 은은하게 감미롭고 향긋한 향기가 실려 와요. 수수꽃다리 향기이지요. 하지만 요즘 사람들은 '수수꽃다리'라는 이름보다 '라일락'이라는 이름에 더 익숙한 것 같아요. 수수꽃다리가 우리나라에서만 자라는 우리나라 꽃인데도 말이에요. 수수꽃다리는 중부 이북 지방 황해도와 평안도 석회암 지대에서 저절로 자라는 특산식물이랍니다. 라일락은 서양에서 들어온 수수꽃다리 종류이지요.

어쩌다 향긋한 꽃에 '수수꽃다리'라는 이름이 붙었을까요? 우리가 먹는 잡곡 가운데 '수수'라는 곡식이 있어요. 그런데 수수꽃다리의 꽃차례가 수수 이삭을 닮았어요. 그래서 '수수 같은 꽃이 달리는 나무'라는 뜻에서 '수수꽃다리'라고 불러요.

수수꽃다리는 잎이 하트 모양이에요. 생김새도 예쁘고 꽃이 향기로우니 잎에서도 달콤한 맛이 날 것 같지요? 하지만 씹으면 씹을수록 점점 쓴맛이 나요. 수수꽃다리 잎은 사랑을 상징하는 하트 모양이지만, 아주 쓴맛을 가지고 있어요. 그래서 쓰라린 것이 젊은 날 첫사랑의 추억과 같다고 해서 '젊은 날의 추억', '첫사랑'이라는 꽃말을 가지고 있답니다.

간혹 수수꽃다리를 모르는 친구에게 잎을 따서 먹이는 장난을 치기도 하지요. 쓴맛으로 고생하는 친구에게 '사랑은 이 잎처럼 쓴 거야.'라고 말해 보세요. 아마 그냥 웃고 말 거예요.

수수꽃다리의 꽃차례는 7~12cm 길이로 4~5월에 옅은 보라색이나 흰색 꽃이 피어요. 옛날 우리 조상은 향수를 뿌려 놓은 듯 진한 수수꽃다리 꽃향기에 반해 여인들의 향 주머니에 넣기도 했어요. 요즘도 수수꽃다리 꽃은

잎: 하트 모양으로 가장자리가 밋 밋하다. 아주 쓴맛이 난다.

꽃: 꽃잎 끝이 4갈래로 갈라진 통 꽃으로 옅은 보라색이나 흰색으 로 핀다.

열매: 끝이 뾰족한 타원 모양으로 속이 여러 칸으로 나뉘고 칸마다 씨앗이 있다.

줄기: 나무껍질이 회갈색으로 둥 근 껍질눈이 있다.

잎

꽃

꽃

열매

줄기

향수의 원료로 사용하기도 해요. 수수꽃다리는 꽃이 소담스럽고 향기가 좋을 뿐만 아니라 추위와 공해, 병충해에도 강해서 정원이나 공원에 많이 심어요.

수수꽃다리 종류 가운데 '미스김라일락'이라는 이름의 나무가 있어요. 이 나무는 1947년 미국 적십자 직원으로 우리나라에 온 사람이 북한산 백운대에서 자라는 수수꽃다리 종류 중의 하나인 정향나무 씨앗 12개를 채취하여 미국으로 가져가 새롭게 만들어 낸 것이에요. 이 '미스김라일락' 나무는 세계 라일락시장에서 인기가 있어 아주 비싸게 팔리는 나무랍니다.

 조금만 더

🌰 정향나무(물푸레나무과): 꽃이 정(丁)자 모양이고 향기가 아주 강해 '정향나무'라고 부른다. 잎이 작고 달걀 모양이다.

🌰 미스김라일락(물푸레나무과): 정향나무를 미국에서 품종 개량한 꽃이다. 다 자라도 1m가 안 되도록 변형되었다. 잎도 작으며, 가장자리가 물결치듯 꾸불꾸불하다.

병꽃나무

인동과, 꽃과 열매가 병 같은 나무

- 잎이 지는 작은키나무, 잎: 달걀 모양
- 꽃: 암수한그루, 연노란색에서 붉은색으로, 4~5월
- 열매: 갈색, 병 모양, 9월

병꽃나무는 우리나라에서만 자연적으로 자라나는 특산식물이에요. 우리나라 특산식물이라 계곡이나 산 밑에서 쉽게 만날 수 있어요. 병꽃나무는 보통의 나무들이 자라기 어려운 곳에서도 볼 수 있어요. 추운 곳도 공기와 물이 더러운 곳도 가리지 않아요. 심지어 나무들이 자라기 가장 어렵다는 소금기가 있는 바닷가에서도 훌륭하게 자라요. 물론 잘 자랄 뿐 아니라 멋지게 꽃을 피우고 열매를 맺는답니다. 대단하지요?

병꽃나무는 놀라운 생명력뿐 아니라 재미있는 꽃과 열매의 모양으로도 유명해요. 병꽃나무 꽃은 밑이 넓은 병을 거꾸로 세운 것 같고, 열매는 꼭 콜라병 같아요. 병꽃나무의 이름은 꽃과 열매가 병 모양을 닮았다고 해서 붙여졌어요. 꽃과 열매를 한 번이라도 본 사람은 절대로 병꽃나무의 이름을 잊지 못해요. 병꽃나무는 잎이 난 자리에 바짝 붙어서 꽃이 피기 때문에 열매와 꽃, 잎이 한 곳에 모여 있는 셈이지요. 영양분도 함께 나누어 써야 하기 때문에 열매가 달린 곳의 잎은 아주 작아요.

병꽃나무 꽃은 4월 중순에 피기 시작해요. 처음에는 노란색으로 피었다가 점점 붉은색으로 변해요. 병꽃나무는 노란 꽃과 붉은 꽃을 모두 달고 있어요. 붉은색 꽃은 꽃가루받이가 끝나서 꿀이 없는 꽃이에요. 붉은색 꽃을 달고 있는 이유는 꽃이 많은 것처럼 보여 곤충을 불러들이려는 속셈이지요. 곤충은 꽃이 많으면 더 많은 꿀이 있다고 착각하거든요. 두 가지 색의 꽃이 있을 때 보다 많은 곤충이 병꽃나무를 찾아온답니다. 물론 꽃에 가까이 다가온 곤충들은 향기도 없고 꿀도 없는 오래된 붉은 꽃에는 가지 않아요. 색이 선명하고 향기가 나는 노란색 꽃에서 꿀을 얻고 꽃가루받이도 도와주지요.

관찰해 볼까요?

잎: 달걀 모양으로 잎 가장자리에 잔 톱니가 있다. 잎자루가 거의 없이 마주나기로 가지에 딱 붙어 있다.

열매: 긴 병 모양으로 씨앗에는 날개가 달렸다.

꽃: 위쪽이 5갈래로 갈라진 통꽃이 잎겨드랑이에 2~3개씩 달린다. 처음에 연한 노란색으로 피었다가 붉은색으로 변한다.

줄기: 엷은 잿빛으로 오래된 줄기는 갈라진다.

잎

잎

꽃

열매

줄기

병꽃나무의 열매는 다 익으면 저절로 터져요. 열매가 터지면 열매 안에 들어 있던 날개 달린 씨앗이 바람에 날려 멀리까지 퍼져요.

병꽃나무는 오랫동안 아름다운 꽃을 피우고 공해에도 강해서 공원이나 가로수로 많이 써요. 외국에서는 병꽃나무가 다른 식물에 비해 아황산가스에 잘 견디기 때문에 새로운 품종을 만들어 다양한 장소에 심고 있답니다.

 조금만 더

🌰 병꽃나무(인동과): 꽃이 처음에는 연한 노란색으로 피었다가 붉게 변한다.

🌰 붉은병꽃나무(인동과): 병꽃나무보다 좀 늦게 붉은색 꽃이 핀다.

🌰 흰병꽃나무(인동과): 꽃이 흰색으로 핀다.

🌰 삼색병꽃나무(인동과): 한 꽃에서 세 가지 색이 난다. 꽃잎은 초록빛 도는 흰색이고, 꽃잎 가장자리는 붉은색이 나며 안쪽에는 노란빛이 돈다.

조팝나무

장미과, 산기슭을 덮는 흰 좁쌀 나무

- 잎이 지는 작은키나무, 잎: 타원 모양
- 꽃: 암수한그루, 흰색, 4~5월
- 열매: 갈색, 별 모양, 9~10월

조팝나무는 벚꽃이 활짝 필 무렵 산길이나 밭둑 등에서 피어요. 꽃송이들을 단 조팝나무 꽃 무더기는 마치 새하얀 눈이 소복이 내려앉은 것 같아요. 어찌나 꽃이 흰지 눈이 부실 정도예요. 하지만 꽃이 너무 작아서 마치 좁쌀을 튀겨 놓은 것처럼 보여요. 긴 가지에 다닥다닥 달린 열매는 마치 노란 좁쌀 같아요.

조팝나무는 우리 주변에서 어렵지 않게 만날 수 있어요. 생명력이 아주 강해서 어디서나 잘 자라거든요. 그래서 농부들은 조팝나무라면 고개를 절레절레 저어요. 아무리 뽑아내도 금방 무럭무럭 다시 자라기 때문이지요. 그래서 고집이 아주 센 사람을 보고 '조팝나무같이 질긴 놈'이라고 부르기도 해요.

조팝나무는 잎이 나면서 꽃이 함께 피어요. 연둣빛 새싹에 하얀 꽃을 가득 단 모습에 눈이 부셔요. 가득 달린 꽃송이 때문에 가지가 간혹 휘어지기도 하니 얼마나 많은 꽃송이가 매달려 있는지 알 수 있겠지요?

조팝나무의 꽃은 정말 좁쌀처럼 작아요. 그래서 곤충들에게 조금이라도 잘 보이려고 작은 꽃 4~6송이를 한데 모아 우산 모양을 이루었어요. 여러 송이가 뭉쳐 있으면 마치 큰 꽃처럼 보여요.

눈송이처럼 하얀 꽃들을 가지에 가득 단 모습은 꼭 꽃방망이 같아요. 긴 가지로 화환을 만들면 아주 멋진 꽃화환이 되지요. 조팝나무 꽃은 암술이 먼저 익어요. 꽃가루받이하는 동안에 수술은 바깥쪽이 볼록볼록한 노란 꿀주머니를 감고 엎드려 있어요. 꽃가루받이에 방해가 되지 않기 위해서지요. 암술이 다른 나무의 꽃가루를 받고 나면 엎드려 있던 수술이 길게 자라

잎: 달걀 모양이며 가장자리에 잔 톱니가 있다.

열매: 갈색으로 익으며 작은 별 모양이다.

꽃: 작고 흰 꽃 4~6송이가 모여 우산 모양을 이루며 꽃잎이 5장으로 잎과 함께 핀다.

줄기: 짙은 회갈색이다.

잎

꽃봉오리

꽃

꽃

열매

면서 시간 간격을 두고 꽃밥을 터뜨리기 시작해요. 조팝나무가 시간 간격을 두고 꽃밥을 터뜨리는 이유는 적은 양의 꽃가루를 최대한 긴 시간 동안 쭉 날리기 위해서랍니다. 조금이라도 오래 꽃가루를 날려야 다른 나무의 암술과 만나서 질 좋은 씨앗을 만들 수 있거든요.

조팝나무 열매는 여러 개의 씨방이 자라 만들어진 것으로 별 모양이에요. 열매가 노랗게 익기 시작하면 마치 노란 좁쌀로 지은 조밥 같아 보여요. 열매가 익으면 선을 따라 벌어져요. 우리나라에서 자라는 조팝나무들은 종류마다 각기 꽃차례도 다르고 잎의 모양도 다르답니다.

 조금만 더

🌰 **참조팝나무(장미과):** 우리나라에서만 자생하는 우리나라 특산식물이다. 키가 작고 공 모양으로 여러 송이의 꽃들이 뭉쳐 핀다.

🌰 **꼬리조팝나무(장미과):** 주로 습한 곳에서 자라며 여름에 진분홍색 꽃송이가 동물의 꼬리처럼 무리 지어 핀다.

🌰 **산조팝나무(장미과):** 15~20개의 꽃송이가 우산 모양 꽃차례로 핀다. 수술이 꽃잎 위로 올라오지 않는다.

모란

작약과, 꽃들의 왕이라 불리는 나무

· 잎이 지는 작은키나무, 잎: 2회 깃꼴겹잎

· 꽃: 암수한그루, 자줏빛 도는 빨간색, 5월

· 열매: 갈색, 타원 모양, 10월

모란은 꽃이 아주 크고 소담스러워요. 어찌나 화려하고 아름다운지 '꽃들의 왕'이라는 뜻에서 '화중왕(花中王)'이라고 불려요.

모란은 사람에 따라 '목단(牧丹)'이라고도 불려요. 모란은 부귀와 화목을 상징하는 꽃이에요. 그래서 혼수용품에 모란 무늬를 많이 쓰지요. 또한 우리 조상들은 집 정원에 모란 서너 포기씩은 꼭 심고 길렀답니다.

모란의 고향은 중국이에요. 중국의 당나라 태종이 신라의 선덕여왕 때 선물로 모란 그림 1폭과 모란 씨 3되를 보냈다는 이야기가 있어요. 모란꽃 그림을 본 선덕여왕이 "꽃은 비록 고우나 그림에 나비가 없으니 반드시 향기가 없을 것이다."라고 말했대요. 씨를 심어 길러 보았더니 여왕의 말대로 정말 향이 없었다고 해요. 당 태종이 선덕여왕에게 남편이 없는 것을 놀리려고 보낸 선물이었다는 것이지요. 사실 모란꽃은 아주 강하지는 않지만 향긋한 향기가 나요.

모란꽃은 늦은 5월에 피어요. 모란은 키가 작은데 꽃이 상당히 크고 색이 다양해요. 자주색, 주홍색, 백색, 붉은색 등 셀 수 없어요. 게다가 굉장히 영리해서 날씨가 흐리거나 깜깜한 밤이면 꽃을 닫고 잠을 자요. 곤충들이 활동하지 않을 때 꽃을 닫아 에너지를 아끼는 것이지요.

모란은 열매껍질에 짧은 털이 빽빽하게 나 있어요. 열매가 익으면 껍질이 세로로 갈라지고 씨앗이 드러나요. 모란 씨앗은 반질반질하니 참 잘생겼어요. 모란은 잘생겼을 뿐 아니라 나름의 쓰임새도 있어요. 꽃과 뿌리껍질은 약으로 쓰고, 잎은 염료로 사용해요.

모란꽃이 지고 난 뒤 모란꽃과 똑같이 생긴 꽃을 봤다면 작약일 가능성

잎: 잎자루가 길고, 깃꼴겹잎으로 2회에 걸쳐 나며, 작은 잎 가장자리가 3~5개로 갈라져 있다. 잎 뒷면에는 털이 있어 흰빛이 돈다.

열매: 열매껍질에 갈색 털이 있고 씨앗은 검고 둥글다.

꽃: 자줏빛 나는 빨간색 꽃으로 활짝 핀 꽃의 지름이 약 10~17cm로 크다.

줄기: 회갈색을 띠고 나무껍질이 얇게 떨어진다.

이 커요.

　모란과 작약은 꽃의 모양이나 색깔, 크기, 피는 시기 등이 비슷해서 혼동하기가 쉬워요. 모란은 나무이지만, 작약은 풀이에요. 작약은 한해살이풀이 아니라 겨울에 땅 위의 부분은 다 죽어도 뿌리가 다음해 다시 자라나는 여러해살이풀이랍니다.

　옛날부터 모란은 '꽃 중의 왕'으로, 작약은 '꽃 중의 재상'으로 불리며 사람들에게 많은 사랑을 받았어요. 모란은 꽃을 감상하려고 심었고, 작약은 약재로 쓰려고 심었어요. 모란을 작약에 비교하여 '나무 작약'이라는 뜻에서 목작약(木芍藥)이라고 부르기도 했답니다.

 조금만 더

🌰 **모란(작약과):** 나무. 잎은 깃꼴겹잎으로 2회에 걸쳐 나오며 작은 잎 가장자리가 2~5개로 갈라진다. 잎 뒷면에 털이 있어 흰빛이 돈다.

🌰 **작약(작약과):** 여러해살이풀. 잎은 1~2회 깃꼴겹잎이며 윗부분의 잎은 3개로 깊게 갈라지기도 한다. 잎 표면은 광택이 있고 뒷면은 연한 녹색이다. 작은 잎 가장자리는 밋밋하다.

때죽나무

때죽나무과, 물고기를 기절시키는 나무

- 잎이 지는 중간키나무, 잎: 달걀 모양
- 꽃: 암수한그루, 흰색, 5~6월
- 열매: 초록빛 도는 회색, 달걀 모양, 9~10월

때죽나무는 굉장히 상냥한 나무예요. 때죽나무 끝에 있는 때죽납작진딧물집이 확실한 증거이지요. 때죽나무는 진딧물이 나타난 것을 알면 진딧물이 살 집을 재빨리 만들어요. 진딧물은 살 곳이 있어서 좋고, 때죽나무는 진딧물이 다른 곳으로 퍼지지 않아서 좋답니다.

때죽나무는 늦은 봄에 하얀 종 모양의 꽃을 피워요. 다소곳이 고개를 숙여 핀 꽃을 흔들면 딸랑딸랑 은방울 소리가 들릴 것 같지요.

'때죽나무'는 '떼죽나무'가 변한 것이라고 해요. 열매가 매달린 모양 때문에 '떼죽나무'라고 불렀다는 말이 있어요. 긴 가지를 따라 어린 스님의 머리처럼 반들반들한 열매가 마치 떼를 지어 있는 것 같다고 하여 '떼죽나무'라는 것이지요. 또 열매를 찧어 물에 넣으면 물고기가 떼로 기절한다고 해서 '떼죽나무'라는 이름이 생겼다고도 해요. 덜 익은 때죽나무 열매에는 작은 동물을 마취시킬 때 쓰는 에고사포닌 성분이 있어요. 그런데 에고사포닌은 기름때를 아주 잘 지워 주는 성분이기도 해요. 때죽나무로 빨래를 할 때면 시냇가의 물고기들이 많이 놀랐겠지요?

때죽나무 꽃은 향기가 아주 좋아서 향수의 원료로 사용돼요. 게다가 꿀도 많아서 꽃이 필 무렵이면 벌들이 그야말로 잔치를 벌여요. 때죽나무 꽃은 꽃가루받이가 끝나면 암술만 남기고 꽃송이와 수술이 함께 떨어져요. 하얗게 떨어진 꽃송이는 하얀 꽃으로 카펫을 깔아 놓은 듯해요. 떨어진 꽃이 예쁘고 향기도 좋아 꽃목걸이를 만들면 아주 좋아요.

때죽나무는 '눈같이 하얀 종'이라는 뜻에서 영어 이름으로 '스노 벨(Snow bell)'이라고 불러요. 때죽나무와 같은 가족인 쪽동백도 눈처럼 하얀

잎: 달걀 모양으로 가장자리에 둔한 톱니가 있으며 어긋나기로 달린다. 나무마다 잎의 크기가 다르다.

열매: 달걀 모양으로 초록빛 나는 회색으로 익는다.

꽃: 5월 말이면 종 모양 하얀 꽃이 잎겨드랑이에서 2~4송이씩 달린다.

줄기: 나무껍질에 세로 줄무늬가 있다.

잎

꽃

때죽납작진딧물집

줄기

열매

꽃이 종처럼 조롱조롱 피어나요. 이름에 동백이라는 말이 똑같이 들어가지만 쪽동백과 동백은 조금도 닮지 않았어요. 쪽동백은 우리나라 어디에서나 볼 수 있는 흔한 나무이고, 동백나무는 따뜻한 남쪽 지방에서만 볼 수 있는 귀한 나무랍니다. 하지만 두 나무 모두 열매에서 짠 기름으로 등불을 밝히고 머리카락에 발라요.

우리나라에서 자라는 때죽나무는 세계에서 추위와 공해에 강한 나무로도 유명해요. 다른 식물들이 자라기 어려운 공장 주변에서도 왕성하게 잘 자라지요. 그래서 때죽나무를 '환경오염의 정도를 알려 주는 식물'이라는 뜻에서 '환경지표식물'이라고 한답니다.

 조금만 더

🌰 **때죽나무(때죽나무과):** 잎은 달걀 모양이고, 나무껍질에 세로 줄무늬가 있다.

🌰 **쪽동백나무(때죽나무과):** 잎이 둥그스름한 달걀 모양으로 크다. 잎 뒷면에 털이 있어서 만지면 푹신한 느낌이 들며 검은 갈색의 나무줄기는 매끄럽다. 어린 가지는 붉은색이며 껍질이 벗겨진다.

아까시나무

콩과, 달콤한 꿀과 향기를 선물하는 나무

- 잎이 지는 큰키나무, 잎: 깃꼴겹잎
- 꽃: 암수한그루, 흰색, 5~6월
- 열매: 갈색, 납작한 꼬투리, 10월

"동구 밖 과수원 길 / 아카시아 꽃이 활짝 폈네. / 하얀 꽃 이파리 / 눈송이처럼 날리네."

5월이 되어 아까시나무의 달콤한 꽃향기가 온 산을 뒤덮으면 흥얼흥얼 저절로 노래를 부르게 되지요. 아까시나무를 보면서 왜 '아카시아'가 나오는 〈과수원 길〉을 노래하게 될까요?

노래 가사를 만드신 분이 아까시나무와 아카시아를 착각한 탓이에요. 아카시아는 열대 지방에서 자라는 나무로서 노란 꽃이 피어요. 아카시아 나무를 먼저 발견하고 그 뒤에 북아메리카에서 아까시나무를 새로 발견했을 때 사람들은 '가짜 아카시아'라고 불렀어요. 고향인 북아메리카를 떠나 우리나라로 들어올 때 '가짜'라는 말을 빼고 '아카시아'라는 잘못된 이름이 자리를 잡아 버렸어요.

5월 중순이면 어린 가지 위쪽에서 흰나비처럼 보이는 꽃이 피어요. 아까시나무 꽃은 위쪽 가장 큰 꽃잎이 아래쪽을 살짝 노란색으로 물들여 벌들을 꿀샘으로 안내해요. 그런데 아까시나무 꽃은 암술과 수술이 보이지 않아요. 어디에 있을까요? 아까시나무 꽃은 아래쪽 작은 꽃잎들이 넓고 얇은 하얀 막으로 된 수술과 함께 암술을 단단하게 감싸고 있어요. 다른 꽃에서 볼 수 없는 특이한 모습이지요. 아까시나무는 큰 씨방을 가지고 있어요. 씨방은 암술 밑부분에 있어요. 그래서 꽃잎과 수술이 암술을 보호하는 거에요. 꽃가루받이가 끝나 꽃잎이 시든 후에도 수술대는 오래도록 남아 어린 씨방이 잘 자라도록 보호해요. 꽃잎과 수술대가 씨방을 보호하는 변신을 하다니 정말 놀라워요.

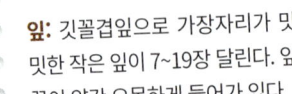

잎: 깃꼴겹잎으로 가장자리가 밋밋한 작은 잎이 7~19장 달린다. 잎 끝이 약간 오목하게 들어가 있다.

줄기: 검은빛을 띤 갈색으로 세로로 깊게 골이 진다. 가지에는 많은 가시가 있다.

꽃: 위쪽 큰 꽃잎 1장, 가운데 2장, 아래 2장, 모두 5장의 꽃잎이 나비 모양으로 모여 꽃자루 있는 꽃이 긴 꽃줄기에 여러 송이 달린다.

열매: 길이 5~10cm 되는 긴 꼬투리로 납작하다.

잎

꽃

줄기

열매

줄기

아까시나무 꽃은 꿀이 많아서 벌을 치는 사람들이 특히 좋아해요. 줄기에는 무시무시한 가시들이 많아요. 사실 가시는 초식동물로부터 어리고 부드러운 가지와 영양 많은 잎을 지키기 위한 무기랍니다. 어린 가지에는 가시가 많지만, 단단하고 튼튼한 오래된 굵은 줄기에는 가시가 거의 없는 것을 보면 알 수 있지요. 꽃과 어린잎은 샐러드나 튀김을 해 먹어도 좋아요.

아까시나무는 매우 잘 자라서 그냥 두면 우리나라 숲과 산을 다 망친다고 생각하는 사람들이 많아요. 사실 아까시나무는 자신의 자리를 남이 빼앗을지도 모른다고 생각할 때만 깜짝 놀라 먼 곳까지 뿌리를 뻗어 나간답니다. 그냥 두면 절대 옆으로 퍼지지 않아요.

 조금만 더

🌰 아까시나무(콩과): 꽃차례가 길고 향기로운 하얀 꽃이 피며 꼬투리 모양의 열매가 맺힌다.

🌰 꽃아까시나무(콩과): 북아메리카가 고향으로 잎이 지는 작은키나무이다. 꽃은 분홍색이며 줄기, 가지, 꽃자루에 바늘 모양의 붉은색 털이 아주 많이 나 있다.

찔레나무

장미과, 들에 피는 하얀 장미 나무

- 잎이 지는 작은키나무, 잎: 깃꼴겹잎

- 꽃: 암수한그루, 흰색, 5월

- 열매: 빨간색, 둥근 모양, 9~10월

길게 늘어진 가느다란 줄기에 찔레꽃이 피어 있는 모습은 참 맑고 고와요. 향기가 좋아서 찔레꽃이 피면 세상이 온통 은은한 향기에 취하게 돼요. 찔레나무는 우리나라에서 자라는 야생 장미, 즉 들장미예요. 우리가 흔히 장미 하면 떠올리는 화려한 꽃은 여러 야생 장미를 이용해서 새롭게 만들어 낸 것들이지요. 새로운 품종을 만들기 위해서는 기본이 되는 품종이 중요해요.

찔레는 키가 작은 나무로 습한 곳을 좋아해서 산의 계곡이나 개울가 등에서 잘 자라요. 꽃은 5월 말에 새 가지 끝에 여러 송이가 모여서 피어나요. 하얀 꽃잎 속에 보이는 노란 꽃밥을 단 여러 개의 수술이 참 사랑스러워 보여요.

예쁜 꽃에 홀려 무심코 찔레 가지에 손을 대면 가시에 찔리고 말아요. 찔레나무 줄기에는 수많은 가시가 있어요. 오죽하면 '가시가 찌르는 나무'라는 뜻에서 '찔레'라는 이름이 붙었다고 해요.

찔레꽃은 꽃가루받이가 끝나면 꽃받침통이 자라서 열매가 돼요. 가을이면 열매가 붉게 익지요. 작고 동글동글하며 빨간 열매는 앙증맞고 사랑스러워요. 찔레 열매는 보기 좋을 뿐 아니라 새들에게 아주 고마운 선물이에요. 겨울이 거의 다 지나도록 가지에 찰싹 매달려 있기 때문이랍니다.

찔레는 순과 꽃도 먹을 수 있어요. 봄철에 돋아난 새순에 붙은 잎을 떼어 내고 껍질을 벗기면 누구나 쉽게 먹을 수 있어요. 찔레순은 줄기뿐 아니라 땅속뿌리에서도 돋아나요. 특히 뿌리에서 돋아나는 새순은 굵고 연해서 먹기가 더욱 좋아요. 찔레순은 아삭아삭하고 아주 희미하게 단맛이 나요. 순

잎: 작은 잎이 5~9장인 깃꼴겹잎으로 가장자리에 잔 톱니가 있다.

줄기: 새 가지는 녹색이고 1년이 넘은 가지는 짙은 자줏빛이 나고 매끄럽다. 가지에 가시가 많다.

꽃: 꽃잎이 5장으로 하얀색으로 핀다.

열매: 콩알만 한 크기로 붉게 익는다.

잎

잎

줄기

꽃

열매

열매

에서 단맛이 난다니 꽃은 더욱더 달콤하겠지요. 찔레순을 먹으면 여름 감기는 걱정할 필요도 없대요. 찔레는 맛이 좋을 뿐 아니라 우리 몸에 좋은 성분이 많이 들어 있어요. 특히 덜 익은 열매는 잘 말려 두면 독을 없애거나 오줌이 잘 나오게 하는 약의 재료로 쓰이지요. 찔레꽃을 따 먹는 모습은 동요에도 나와요.

'엄마 일 가는 길에 하얀 찔레꽃 / 찔레꽃 하얀 잎은 맛도 좋지. / 배고픈 날 가만히 따 먹었어요. / 엄마 엄마 부르며 따 먹었어요.'

찔레나무는 야생 장미이니 장미와 찔레나무가 닮은 것은 당연하겠지요? 장미와 찔레나무는 은은한 향뿐 아니라 잎의 모양이 굉장히 많이 닮았어요. 우리나라 야생 장미로 바닷가에서 자라는 해당화도 찔레나무랑 잎 모양이 비슷해요.

 조금만 더

🌰 **찔레나무(장미과):** 꽃잎이 5장으로 희고 자그마하다. 작은 잎 가장자리에 톱니가 있다.

🌰 **해당화(장미과):** 꽃잎이 5장으로 진분홍색이고 꽃잎이 넓고 오목하다. 작은 잎은 두껍고 주름살이 많으며 윤기가 난다.

인동

인동과, 추위를 씩씩하게 이겨 내는 나무

· 잎이 지는 덩굴나무, 잎: 타원 모양

· 꽃: 암수한그루, 흰색에서 노란색으로, 5~6월

· 열매: 검은색, 둥근 모양, 9~10월

인동은 산과 들 어디에서나 끈질기게 잘 자라며, 또한 가뭄, 공해, 병해에도 강한 나무예요. 추우면 잎이 지지만, 춥지 않을 때는 겨울에도 푸른 잎을 끈질기게 달고 있지요. 그래서 '참을 인(忍)', '겨울 동(冬)' 자를 써서 '인동'이라는 이름이 붙었다고 해요. 인동은 '인동초(忍冬草)'라고 부르기도 해요. 김대중 전 대통령은 "나는 혹독한 겨울에도 강인하게 사는 인동초를 잊지 않았습니다. 모든 것을 바쳐 한 포기 인동초가 될 것을 약속합니다."라고 말하기도 했답니다.

인동을 '인동초'라고 부르는 사람 가운데는 인동을 나무가 아니라 풀이라고 생각하는 사람이 간혹 있어요. 사실 처음 인동을 본 사람들은 선뜻 나무라고 생각하지 못해요. 인동이 다른 물체를 타고 올라가는 덩굴식물이기 때문이에요. 하지만 인동에 대해 조금만 알게 되면 절대로 인동을 풀이라고 착각하지 않아요. 특히 나날이 두꺼워지는 줄기를 여러 해 살펴보다 보면 '인동은 나무다.'라고 확실히 믿게 되지요.

인동은 초여름부터 시작하여 여름 내내 향기가 진한 꽃을 피워요. 인동꽃은 잎겨드랑이에서 피며 5장의 꽃잎이 갈라져 있는 듯하지만, 아래가 한데 붙은 통꽃이지요. 5장의 꽃잎은 가운데 1장만 뒤로 젖혀져 있고 4장은 붙어 있어요. 또한 꽃 길이만 한 아주 긴 수술을 멋지게 감아올리고 있어요.

꽃이 피면 먼저 수술이 노란 꽃밥을 터뜨리고 나서 밑으로 엎드려요. 그러면 다음 차례인 암술이 암술대를 똑바로 세워 꽃가루받이하지요. 수술이 자세를 바꿔 가며 복잡하게 꽃밥을 터뜨리는 것은 다른 나무와 꽃가루받이를 좀 더 확실히 하기 위한 전략이에요. 혹시라도 같은 나무의 꽃가루가 암

관찰해 볼까요?

잎: 달걀 모양으로 가장자리가 밋밋하며 마주난다.

줄기: 오른쪽으로 감고, 어린 가지는 붉은 갈색으로 속이 비어 있다.

열매: 작고 동그란 모양으로 검게 익는다.

꽃: 꽃잎의 아래가 붙고 위가 갈라진 통꽃으로 꽃잎 끝이 5갈래로 갈라지고 그 가운데 하나가 깊게 갈라져서 뒤로 젖혀져 있다. 흰색으로 피었다가 노란색으로 변한다.

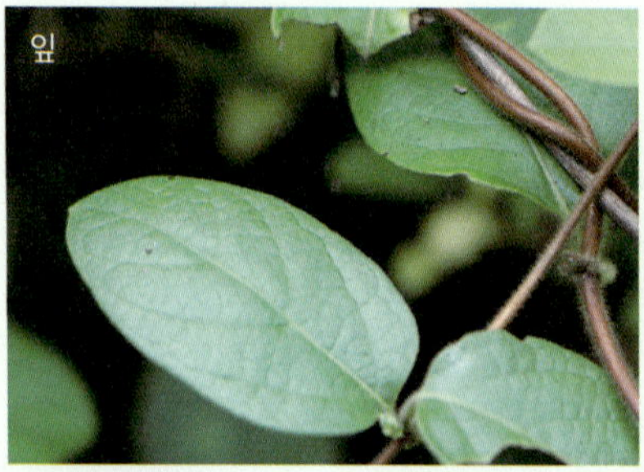
잎

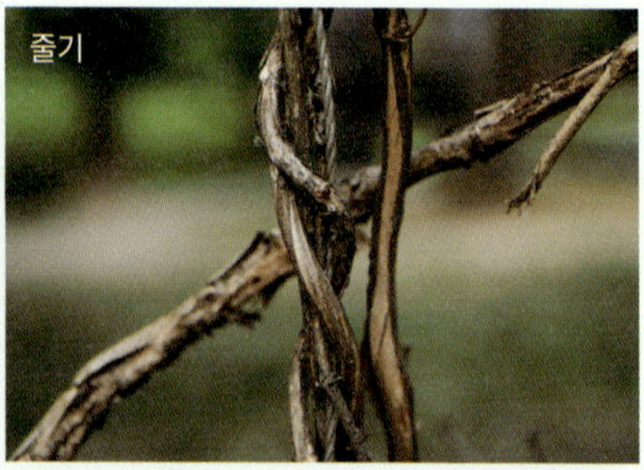
줄기

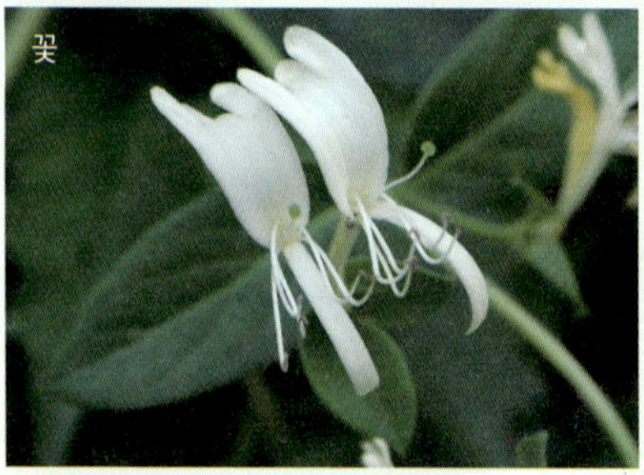
꽃

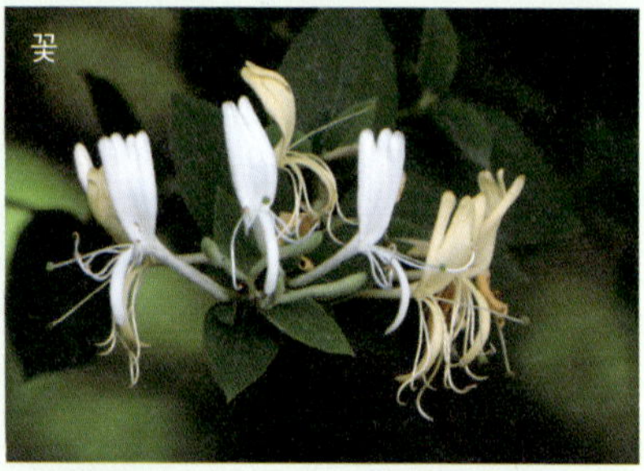
꽃

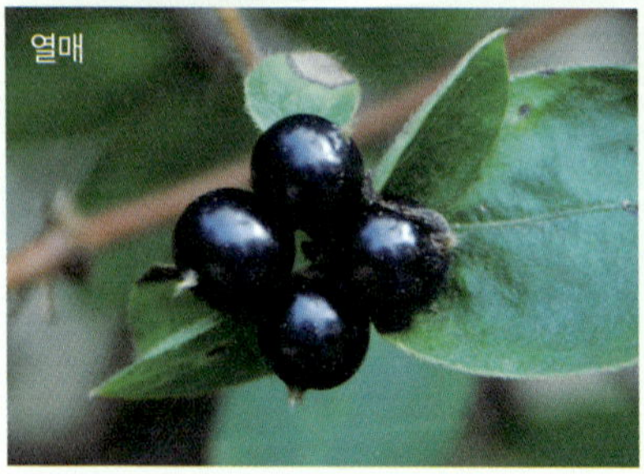
열매

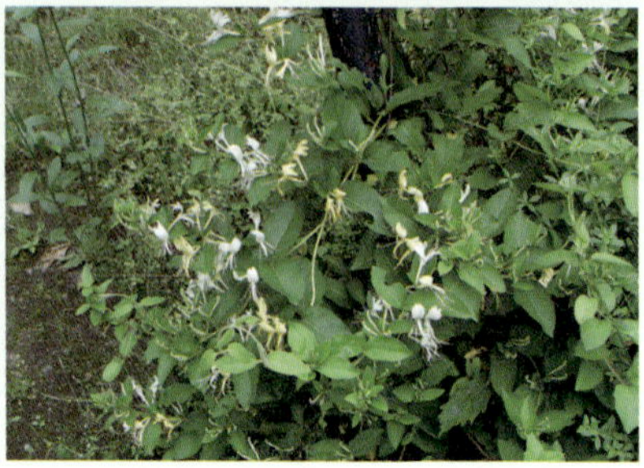

술에 붙는 것을 처음부터 확실히 막기 위한 것이지요.

인동은 한 나무에 흰색 꽃과 노란색 꽃을 함께 달고 있어요. 하얀 꽃을 '은 꽃', 노란 꽃을 '금 꽃'이라고 하여 '금은화'라고 불러요. 인동의 하얀 꽃은 새로 핀 꽃이고, 노란 꽃은 처음에 흰색이던 것이 시간이 지나면서 노랗게 변한 것이지요. 두 가지 꽃을 한꺼번에 매달고 있으면 꽃이 많아 보여서 곤충들이 더 좋아해요. 두 가지 꽃을 모두 단 것은 꽃가루받이를 위한 인동의 술수랍니다.

인동은 줄기를 비비 꼬며 항상 오른쪽으로 감고 올라가요. 열매는 2개씩 짝을 지어 잎겨드랑이에 달리지요. 인동 열매는 콩알만 하고 검게 익어요. 반짝반짝 윤이 나는 열매를 보면 맛있겠다는 생각이 들지만, 사실 맛이 없어서 사람들은 잘 먹지 않아요.

날씨가 매우 춥지 않으면 겨울에도 푸른 잎을 달고 있고, 어느 곳에서나 무럭무럭 잘 자라요. 그래서 도로나 집 등을 만드느라 절벽처럼 땅이 뚝 잘려 무너지기 쉬운 곳에 심기 좋은 나무랍니다.

조금만 더

🌰 붉은인동(인동과): 꽃을 보기 위해 외국에서 들여온 꽃이다. 꽃은 진분홍이며 꽃잎이 인동보다 덜 갈라진다.

층층나무

층층나무과, 층층이 쌓여 있는 아파트 같은 나무

- 잎이 지는 큰키나무, 잎: 넓은 달걀 모양
- 꽃: 암수한그루, 흰색, 5~6월
- 열매: 검은색, 둥근 모양, 9~10월

가지가 줄기를 돌아 일 층, 이 층, 삼 층! 층층나무는 줄기를 중심으로 가지가 수평으로 넓게 골고루 퍼져 있는 모양이 마치 여러 장의 접시가 쌓여 있는 것 같아요. 여러 층이 쌓여 있는 모습 때문에 '아파트나무'라고도 불리지요. 덕분에 멀리서 나무 모양만 봐도 누구나 쉽게 이름을 맞힐 수 있어요.

층층나무는 여러 나무가 모여 자라기보다는 한 그루씩 뚝 떨어져서 자라요. 이것은 자신만의 생존 전략이에요. 층층나무는 다른 나무보다 자라는 속도가 빨라요. 게다가 햇빛을 독차지하기 위해 여러 층의 가지를 넓게 펼치는 습관까지 있어요. 그래서 층층나무와 가까운 곳에서는 어떤 나무도 잘 자랄 수 없어요. 심지어 같은 층층나무까지 말이에요. 그래서 층층나무를 '숲 속의 무법자', '욕심쟁이'라고 해요.

하지만 봄철 층층나무의 각 층이 잎은 잎끼리, 가지는 가지끼리, 꽃은 꽃끼리 곱게 쌓여 있는 모습은 정말 멋져요. 층층나무 잎은 붉은빛이 도는 잎자루에 넓은 달걀 모양으로 어긋나게 달려요. 층층나무 잎 앞면은 녹색이지만, 잎 뒷면은 하얀 털이 많이 나 있어서 하얗게 보여요. 봄철 가지 끝에 6~8장의 잎이 돋아나는 모습은 꽃봉오리가 피어나는 것 같아 예쁘지요.

층층나무는 잎도 멋지지만 꽃도 자신만의 매력을 듬뿍 가지고 있어요. 하얗고 작은 꽃이 초록 잎사귀 위에 올라앉은 모습은 마치 나무 전체에 눈이 소복하게 내린 것 같거든요. 층층나무 꽃은 꿀이 많아서 벌들이 많이 찾아와요. 또한 층층나무 열매가 붉은색에서 검은색으로 차차 익어 갈 무렵이면 층층나무 위가 시끌시끌해요. 층층나무 열매는 새들이 좋아하는 먹이이기 때문이지요.

잎: 넓은 달걀 모양으로 잎 뒤에 흰 털이 많이 난다. 잎 가장자리에 톱니가 없다.

열매: 작고 둥근 열매가 붉은색에서 검은색으로 익는다.

꽃: 새 가지 끝에 4갈래로 갈라진 하얀 꽃이 평평한 꽃차례로 꽃을 피운다.

줄기: 나무껍질이 세로로 얕게 갈라진다. 가지는 줄기를 빙 돌아 층을 이루며 난다. 보통 회색이지만 1년생 어린 가지는 붉은색이다.

잎

꽃

열매

줄기

층층나무는 추위에도 강하고, 그늘에서도 잘 자라요. 물론 공해에도 아주 강하지요. 요즘은 공원이나 빌딩을 꾸미는 나무로 많이 심어요. 층층나무 목재는 연한 노란색으로 입자가 고와서 보기에 좋을 뿐 아니라 적당히 단단해서 좋아요. 나무가 너무 단단하면 모양을 만들기가 어렵고, 너무 연하기만 하면 보관할 때 쉽게 틀어지거나 부서질 수 있지요. 그런데 층층나무는 모양을 만들고 보관하기 딱 좋을 만큼 단단해요. 팔만대장경 가운데 일부가 층층나무 목재로 만들어질 수 있었던 것도 적당히 단단한 덕분이래요. 층층나무 나무껍질은 염료로도 사용해요. 층층나무는 같은 집안 식구인 말채나무와 착각하는 일이 많아요.

 조금만 더

🌰 **말채나무(층층나무과):** 잎이 지는 큰키나무로 잎이 마주 나고 나무껍질이 그물처럼 갈라지고 두껍다.

🌰 **흰말채나무(층층나무과):** 잎이 지는 작은키나무로 가지가 붉은빛이며 열매가 흰색이디.

🌰 **노랑말채나무(층층나무과):** 잎이 지는 작은키나무로 가지가 노란색이며 열매는 흰색이다.

튤립나무

목련과, 튤립 꽃을 닮은 나무

- 잎이 지는 큰키나무, 잎: 넓은 달걀 느낌의 둥근 모양
- 꽃: 암수한그루, 노란색, 5~6월
- 열매: 갈색, 타원 모양, 10~11월

튤립나무의 우리나라 이름은 두 가지예요. 꽃이 튤립 같다고 해서 '튤립나무'라고 부르기도 하고, 백합 같기도 해서 '백합나무'라고도 해요. 어떤 이름이 더 어울리나요?

식물이든 동물이든 어느 나라에서든 똑같이 부르는 이름이 있는데, 그것을 학명이라고 해요. 튤립나무 학명은 'Liriodendron tulipifera'이지요. 백합(Lily)을 뜻하는 말과 튤립(Tulip)을 뜻하는 말이 모두 들어가 있어요. 튤립나무 꽃에 대한 이야기를 한참 듣다 보면 튤립나무가 마치 튤립 줄기처럼 가냘픈 나무처럼 느껴져요. 하지만 튤립나무는 30~40m까지 무럭무럭 자랄 뿐 아니라 몸집이 아주 큰 나무랍니다.

튤립나무는 어찌나 키가 큰지, 튤립나무 꽃을 봤다는 사람이 별로 없어요. 튤립나무 꽃은 높다란 가지 끝에 달리거든요. 게다가 꽃 필 무렵이 하필 잎이 무성해지는 시기라서 사람들이 꽃이 피어 있어도 잘 몰라요. 사실 튤립나무 꽃은 보기가 아주 힘들지는 않아요. 단지 큰 나무 위를 자주 보는 습관이 있는 사람만이 볼 수 있을 뿐이지요. 튤립나무는 키가 너무 커서 위에 꽃이 피어 있을 거라는 생각을 하는 사람이 별로 없답니다.

노란색이 감도는 튤립나무 꽃은 크고 화사해요. 노란 꽃 조각 밑부분에 주황색 테두리가 있는 꽃잎 6장과 밝은 녹색의 꽃받침 잎 3장으로 되어 있지요. 6cm나 되는 꽃은 가지런히 꽃잎이 붙어 있는 듯해서 마치 튤립 같아요.

튤립나무는 꽃뿐 아니라 잎도 멋져요. 튤립나무의 고향인 북아메리카에서는 가을 무렵이면 노랗게 물드는 튤립나무 잎을 보며 '노란 포플러'라고 불러요. 포플러는 잎이 멋있기로 유명하지요.

잎: 잎 가장자리가 5~6개로 깊게 갈라지며 가운데 부분이 평평하다.

줄기: 세로로 깊게 골이 파 있다.

꽃: 꽃잎은 노란색으로 튤립 꽃 모양이다.

열매: 열매 송이 안에 긴 날개가 달린 씨앗이 들어 있다.

꽃

꽃

잎

열매

줄기

가을에 노란 단풍이 지고 난 뒤에도 떨어지지 않은 채 가지 끝에 매달려 있는 열매 송이도 멋있어요. 하늘을 향해 달려 있는 모습이 딱 튤립 모양이지요. 긴 날개가 있는 씨앗들이 모인 이 열매 송이는 이듬해까지 오래 달려 색다른 아름다움을 느끼게 해 주지요.

튤립나무는 자라는 속도가 빨라요. 게다가 추위에 잘 견디고 줄기가 곧게 자라요. 또한 이산화탄소를 잘 빨아들여서 가로수로는 더할 나위 없이 좋지요. 심지어 중생대 백악기 시대에 공룡과 함께 살던 오래된 식물로 병충해가 거의 없어요. 그래서 '지구 온난화 방지를 위한 숲 가꾸기'에 추천도 받았어요.

튤립나무 잎은 특히 잎자루가 길어 바람에 나부끼는 모습이 아름다워요. 언뜻 보면 양버즘나무 잎과 비슷해요. 만약 나뭇잎 위쪽이 뾰족하다면 양버즘나무이고, 칼로 자른 것처럼 평평하다면 튤립나무라고 생각하면 돼요.

조금만 더

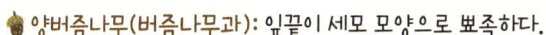

🌰 튤립나무(목련과): 잎끝이 칼로 자른 것마냥 평평하다.

🌰 양버즘나무(버즘나무과): 잎끝이 세모 모양으로 뾰족하다.

매실나무

장미과, 초록 열매로 건강을 지켜 주는 나무

- 잎이 지는 중간키나무, 잎: 달걀 모양

- 꽃: 암수한그루, 연분홍색, 3~4월

- 열매: 노란색, 둥근 모양, 6~7월

매실나무는 나뭇가지에 아직 눈이 남아 있는 추운 겨울에 성급하게 꽃망울을 터뜨리는 나무예요. 매실나무 꽃을 매화라고 하는데, 매화는 봄이 채 오기 전에 이제 조금 있으면 봄이 온다고 알려 주지요. 매화는 중국의 나라꽃으로 매실나무의 고향은 중국이에요. 예로부터 매화를 소나무, 대나무와 함께 '추위 속에서도 볼 수 있는 세 친구'라는 뜻에서 '세한삼우(歲寒三友)'라고 불렀어요. 추운 겨울을 이기고 아름다운 꽃을 피우는 모습을 보며 강인함과 꿋꿋함을 가진 나무라고 생각했거든요. 또한 매화는 고결함이 덕과 학식을 갖춘 군자 같다고 해서 난초, 국화, 대나무와 함께 '네 가지 군자'라는 뜻에서 '사군자(四君子)'라고도 해요.

매실나무는 쓰임새에 따라 다른 이름으로 불러요. 꽃을 보려고 심은 나무는 '꽃 화(花)' 자를 넣어서 '매화나무', 열매를 위해 심은 나무는 '열매 실(實)' 자를 넣어서 '매실나무'라고 하지요. 쓰임새뿐 아니라 꽃잎의 색깔이나 꽃 피는 시기에 따라 서로 다르게 부르기도 해요. 붉은 꽃이 피면 '홍매(紅梅)', 흰색 꽃이 피면 '백매(白梅)', 추운 겨울 하얀 눈 속에서 피면 '눈 설(雪)' 자와 '가운데 중(中)' 자를 넣어서 '설중매(雪中梅)'라고 해요. 추운 겨울에 눈이 내린 잔가지 위에 피는 꽃이라니 상상만 해도 아름답지 않나요? 매화꽃은 고운 생김새뿐 아니라 그윽한 향기가 있어 더욱더 특별하답니다.

매실나무는 꽃이 잎보다 먼저 피며, 향기가 아주 좋지요. 매화꽃과 살구꽃은 생김새가 비슷해서 잘 구분 못 하는 경우가 많아요. 살구꽃도 매화처럼 꽃자루가 없지만, 매화꽃과 달리 꽃받침 조각이 바깥으로 굽어 있어요. 두 꽃을 구분하려면 꽃받침만 잘 살펴보면 돼요. 어린 가지를 보면 두 나무

꽃: 꽃자루가 거의 없다. 1~2송이가 한 곳에 모여 핀다. 꽃잎이 5장으로 연한 분홍색이지만 품종에 따라 다르다.

열매: 공처럼 둥글고 처음에 녹색으로 자라다가 익으면 노랗게 변한다.

잎: 달걀 모양으로 끝이 길게 뾰족하고 가장자리에 규칙적인 잔톱니가 있다.

줄기: 나무껍질은 잿빛 도는 갈색이며 어린 가지는 녹색이다.

꽃

꽃

꽃받침

잎

열매

를 좀 더 쉽게 구별할 수 있어요. 매화나무는 어린 가지가 초록색이고, 살구나무 어린 가지는 갈색을 띤 자주색이에요. 그래서 초록 가지에 꽃이 피면 매화꽃, 갈색을 띤 가지에 꽃이 피면 살구꽃이랍니다.

매실나무는 아름다운 꽃과 그윽한 향기뿐 아니라 열매로도 사랑을 받아요. 매실나무 열매인 매실은 독을 없애 주는 힘과 나쁜 균이 늘어나는 것을 막아 주지요. 매실은 둥글고 짧은 털로 덮여 있으며 녹색에서 차츰 노랗게 익고 아주 신맛이 나요. 초여름에 나오는 초록 매실을 특히 '청매(靑梅)'라고 불러요. 청매는 매실주, 매실즙, 매실 식초, 매실 절임, 매실 장아찌, 매실 김치 등의 재료로 사용되지요. 우리가 아는 음식 가운데 매실을 재료로 하는 것은 대부분 청매로 만든 것이에요.

 조금만 더

🌰 **매실나무(장미과):** 어린 가지가 초록색이며 꽃받침이 뒤로 접히지 않는다. 익은 과육과 씨가 잘 떨어지지 않고 씨에 작은 구멍이 많다.

🌰 **살구나무(장미과):** 어린 가지는 자줏빛 나는 갈색이며 꽃받침이 바깥으로 뒤집혀 있다. 익은 과육과 씨가 잘 분리된다. 씨에 작은 구멍이 없다.

모과나무

장미과, 못생기고 향기 좋은 열매로 유명한 나무

- 잎이 지는 중간키나무, 잎: 타원 모양
- 꽃: 암수한그루, 연한 분홍색, 5월
- 열매: 노란색, 긴 타원 모양, 9~10월

가을에 노랗게 익는 열매의 모양과 크기가 참외와 쏙 빼닮아서 '나무에 달린 참외'라는 뜻의 '목과(木瓜)'가 변해서 '모과'가 됐다고 해요. 모과나무는 꽃도 예쁘고, 잎도 멋져서 정원이나 학교 등에 많이 심었어요. 모과를 본 사람들은 세 번 놀라요. 첫 번째는 예쁜 꽃과 어울리지 않는 못생긴 열매에 놀라지요. 두 번째는 못생긴 과일에서 은은하게 풍기는 향기에 놀라요. 세 번째는 좋은 향기와 달리 맛이 아주 시고 떫어 놀란답니다.

장미과에 속하는 거의 모든 꽃은 아름다워요. 모과나무도 장미과에 속해요. 잎이 난 뒤 늦봄 가지 끝에 한 송이씩 피우는 분홍빛 모과 꽃은 정말 화사해요. 꽃잎 안쪽은 좀 더 진한 분홍색으로 곤충에게 꿀샘을 알려 주지요.

모과 열매는 울퉁불퉁 아주 못생겼어요. 못생긴 것도 부족해서 한 입 먹을라치면 딱딱해서 이가 아플 정도예요. 열매 전체가 우리가 먹는 배의 씨앗 가까운 곳에 있는 단단하고 시큼한 부분 같다고 생각하면 돼요. 한 번이라도 모과를 먹어 본 사람은 이야기만 들어도 얼굴을 찡그려요. 너무너무 시큼하고 떨떠름해서 먹기 어려운 것은 물론이고 비명까지 나와요. 그래서 "어물전 망신은 꼴뚜기가 시키고, 과일 망신은 모과가 시킨다."라는 말이 생겨났을 정도랍니다.

하지만 향만큼은 어느 과일도 비교할 수 없어요. 아무리 비싸고 좋은 향수라도 모과 열매의 향기는 못 이겨요. 또한 모과에는 비타민C, 사과산, 구연산 등이 많이 들어 있어요. 특히 꿀에 재어 만든 모과차는 기침을 멎게 하고 목 아픈 것을 낫게 해 주지요.

모과나무 줄기는 초록빛이 돌고 갈색으로 얼룩얼룩해요. 꽃이 지고 난

관찰해 볼까요?

잎: 타원 모양으로 두껍다. 가장 자리에 작고 뾰족한 톱니가 있다.

줄기: 초록빛이 나고 얼룩무늬가 있다.

꽃: 5장의 분홍 꽃잎이 있고, 꽃은 가지 끝에 1송이씩 핀다.

열매: 노랗게 익으며 모양이 크고 울퉁불퉁하다. 향기가 아주 좋다.

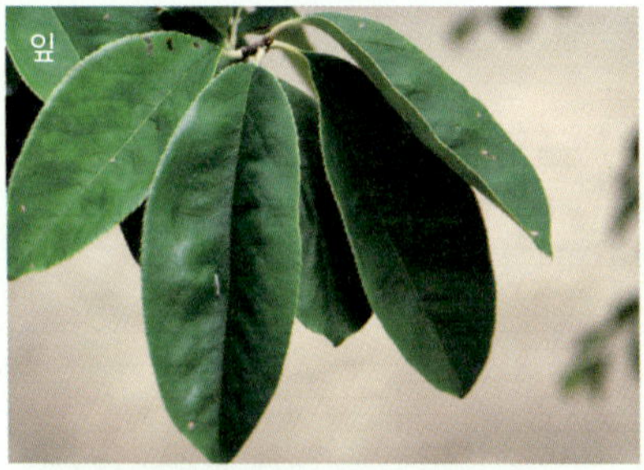
잎

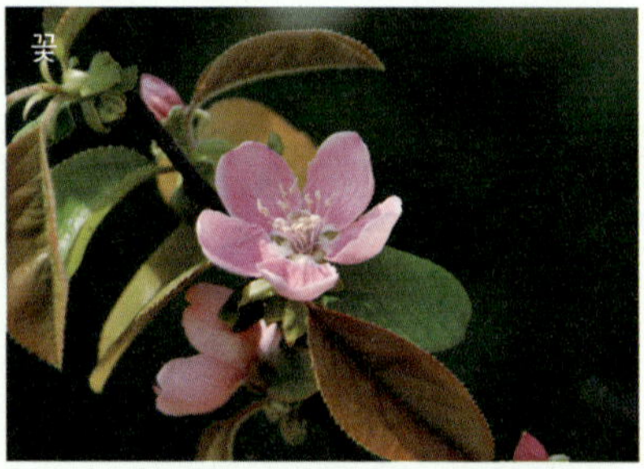
꽃

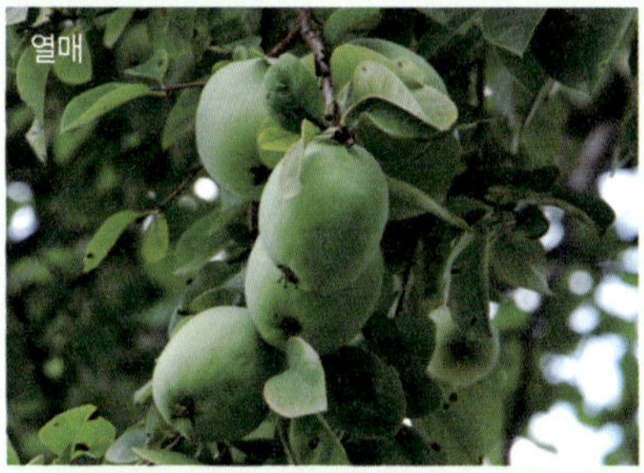
열매

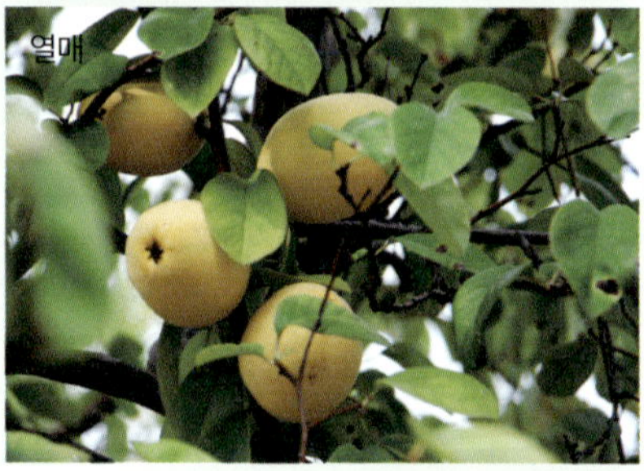
열매

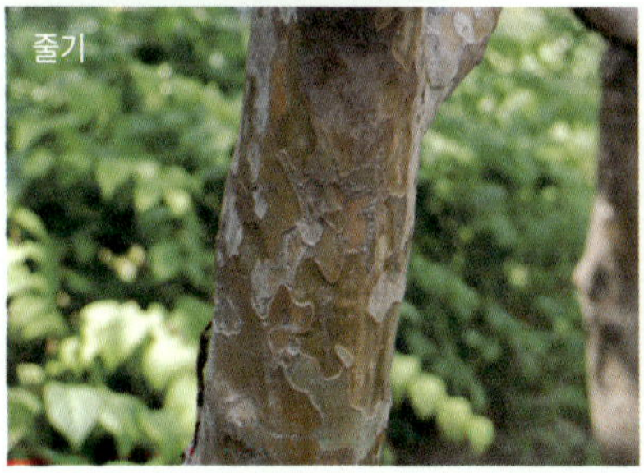
줄기

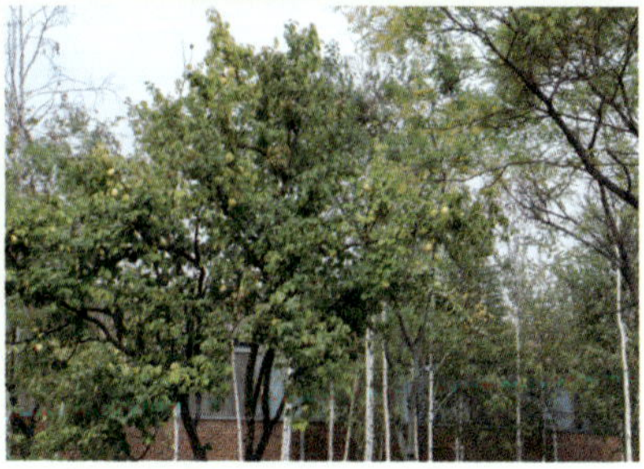

뒤 묵은 나무껍질을 모두 벗어 버리고 새 옷으로 갈아입어요. 마치 꽃을 피우느라 고생했던 것을 보상이라도 받으려는 듯 대변신을 해요. 덕분에 줄기에 윤기가 흐르고 매끄러워 다른 나무와 쉽게 구별할 수 있어요.

명자나무는 모과처럼 예쁜 꽃이 피는 나무로 모과와 비슷하게 생긴 향기가 좋은 열매가 열려요. 명자나무 꽃은 가지에 앙증맞게 딱 붙어서 피어요. 꽃이 가지에 착 붙어서 피는 것이 큰 열매를 매달 수 있는 비법이지요. 명자나무는 키가 작고 가지도 가늘어요. 그래서 큰 열매를 달고 있으려면 가지와 최대한 가깝게 열매를 맺어야 해요. 가지와 착 붙어 있어야 열매가 익을 때까지 모진 바람에도 이겨 낼 수 있기 때문이에요. 명자 열매를 옷장에 넣어 두면 벌레와 좀이 생기지 않아요. 옛날에는 명자 열매를 좀약 대용으로 사용하기도 했답니다.

조금만 더

🌰 **명자나무(장미과):** 중국이 고향인 나무로 4~5월에 붉은 색 꽃이 피며, 다양한 품종이 개발되어 분홍색, 흰색 꽃도 볼 수 있다. 키가 작고 줄기가 여러 갈래로 갈라져 있으며 잎과 꽃이 피는 곳에 가시가 나 있고, 나뭇가지 끝도 두툼한 가시로 바뀐다. 열매는 약간 맵고 신맛이 난다.

복사나무

장미과, 신선이 먹는 열매가 열리는 나무

- 잎이 지는 중간키나무, 잎: 피침 모양

- 꽃: 암수한그루, 분홍색, 4~5월

- 열매: 붉은색, 둥근 모양, 8~9월

복사나무는 중국이 고향이지만 우리나라에서 오래전부터 길러 온 나무예요. 꽃도 아름답고 열매인 복숭아도 맛있어서 오랫동안 사랑을 받아 왔어요. 우리나라 옛 고을 이름 가운데 '복사꽃이 아름답게 많이 피는 마을'이라는 뜻의 도화동(桃花洞)이 많은 것만 봐도 알 수 있어요.

옛날 사람들은 복사나무에 신령스러운 힘이 있어서 잡귀를 쫓아낸다고 믿었어요. 그래서 복사나무는 꼭 집 밖에 심었지요. 만약 복사나무를 집 안에 심으면 제사를 지낼 때 죽은 조상이 오지 못한다고 생각했거든요. 물론 복숭아를 제사상에 올려 놓지도 않았어요. 또한 '신선들이 먹는 과일'이라고 생각했대요. 그래서 낙원을 뜻하는 '무릉도원(武陵桃源)'이란 말에 복숭아를 뜻하는 '도(桃)' 자가 들어가요.

살구꽃과 벚꽃들의 꽃 잔치가 끝나면, 비슷한 모습을 한 복사꽃이 밝고 화사한 모습으로 피어나요. 4~5월이면 분홍색 복사꽃을 잎보다 먼저 만날 수 있지요. 복사꽃은 분홍색이 많지만, 하얀색이나 붉은색도 있어요.

꽃가루받이가 끝나고 꽃이 지면 씨방이 부풀면서 열매가 크기 시작해요. 처음에 초록색으로 열렸던 열매는 점점 커져 8월이 되면 노랗고 붉게 변해요. 복숭아 열매는 겉에 잔털이 잔뜩 많지만, 속은 달콤하고 물기가 많아 맛있어요. 또한 비타민, 주석산, 구연산 등 우리 몸에 좋은 성분이 많이 들어 있지요. 먹기도 좋고 몸에도 좋으니 복숭아만큼 '신선들이 먹는 과일'이라는 말에 어울리는 열매가 없어요.

복사나무는 약재로도 많이 쓰여요. 복숭아에는 니코틴을 해독해 주는 성분이 있다고 해요. 씨앗은 피를 맑게 하고 기침을 멎게 해 준다고 해요.

꽃: 꽃잎은 분홍색으로 5장이며 꽃자루가 없고 1~2송이씩 모여 달린다.

열매: 지름이 5cm 정도로 둥글고, 노랗고 붉게 익는다.

잎: 손가락만 한 길이에 길쭉하고 끝이 뾰족하다. 잎 가장자리에 무딘 톱니가 있으며 잎이 어긋나기로 달린다.

줄기: 나무진이 많아서 상처가 나면 나무진액이 나온다.

꽃

잎

열매

줄기

말린 꽃봉오리는 오줌을 잘 나오게 하고 또 똥이 나오지 않을 때와 몸이 부을 때 먹으면 좋다고 해요. 복사나무 잎을 따서 목욕물에 넣으면 땀띠가 사라진대요. 나무의 속껍질, 나무의 진, 복숭아 털, 심지어 복숭아 속에 들어 있는 벌레까지도 약에 쓰인답니다. 그야말로 버릴 것이 하나도 없는 나무이지요?

우리가 요즘 즐겨 먹는 복숭아는 대개 외국에서 새롭게 만들어 낸 품종이에요. 옛날에 먹던 복숭아는 '개복숭아'로, 요즘 먹는 복숭아보다 열매가 작고 신맛이 강해요.

꽃구경을 하려고 만든 복사나무로는 만첩홍도와 만첩백도가 있어요. 이름 참 어렵지요? '만첩(萬疊)'은 '겹겹'이라는 뜻의 한자어예요. '홍(紅)'은 '붉다.'라는 뜻, '백(白)'은 '희다.'라는 뜻이니, 만첩홍도의 꽃은 겹겹이 붉은 꽃잎을 달고 있고, 만첩백도는 흰 꽃잎을 달고 있겠지요?

조금만 더

🌰 **개복숭아(장미과):** 과일이 작고 신맛이 강하다.

🌰 **만첩홍도(장미과):** 꽃을 보려고 만든 나무로 꽃잎이 여러 겹이고 붉은색 꽃이 핀다.

여름을 빛내는 나무

쥐똥나무

물푸레나무과, 쥐똥처럼 생긴 열매가 달리는 나무

· 잎이 지는 작은키나무, 잎: 긴 타원 모양

· 꽃: 암수한그루, 흰색, 5~6월

· 열매: 검은색, 둥근 모양, 10월

초여름 바람에 어디선가 은은한 꽃향기가 실려 와요. 누구일까요? 쥐똥나무 울타리 틈에 핀 어여쁜 쥐똥나무 꽃이에요.

쥐똥나무는 여러 그루를 나란히 심어 울타리로 많이 사용해요. 도시의 공원이나 아파트 정원에서 흔히 볼 수 있지요. 쥐똥나무는 늦은 봄이면 긴 꽃대를 따라 흰 꽃이 달리고, 가을이면 여러 개의 까맣고 조그만 열매가 포도송이처럼 맺혀요. 어떤 나무가 쥐똥나무인지 잘 모르겠다고요? 그렇다면, 쥐똥나무 열매를 본 적이 없기 때문이에요. 쥐똥나무 열매는 생김새며 색과 크기가 정말 쥐똥 같아서 한 번이라도 본 사람은 절대 잊을 수 없어요.

쥐똥나무라는 이름을 들으면 다들 얼굴을 찌푸려요. '고약한 똥 냄새가 나는 나무'라고 착각하는 모양이에요. 북한에서는 쥐똥나무를 '검정 알 나무'라고 불러요.

초록빛 쥐똥나무 열매가 검게 익어 가는 모습을 보면 자그마한 포도송이가 생각나요. 그런데 한 알 한 알 송이에서 떼놓고 보면 쥐똥이 생각나니 참 이상한 일이에요. 쥐똥나무는 어디서나 잘 자라고 추위에도 강해요. 심지어 사람들이 원하는 모양에 맞춰 잘라도 척척 잎을 내고 가지를 뻗지요. 어떤 일에도 스트레스를 받지 않고, 모양을 다듬기도 좋고, 어디서나 잘 자라서 울타리 대신 심기에는 최고예요. 자동차가 쌩쌩 달리는 도로 옆에서도 씩씩하게 자라는 쥐똥나무를 보면 어쩐지 꼭 칭찬하고 싶어져요.

쥐똥나무는 원래 산기슭이나 계곡에서 많이 볼 수 있어요. 2~4m의 자그마한 키로 가지 하나를 두껍게 키우기보다는 가는 가지를 많이 만드는 쪽을 더 좋아해요. 따뜻한 남쪽에서는 겨울에도 잎이 지지 않아요.

잎: 긴 달걀 모양으로 가장자리가 밋밋하다.

열매: 길이 6~7mm의 둥근 모양 열매가 가을이면 까맣게 익는다.

꽃: 끝이 4갈래로 갈라진 흰 통꽃으로 꽃자루가 있는 꽃이 긴 꽃자루에 달린다.

줄기: 회백색의 가지가 여러 가닥으로 갈라진다.

잎

꽃

꽃

열매

꽃

쥐똥나무 잎은 위치에 따라 크기가 많이 달라요. 햇빛을 잘 받을 수 있는 윗가지는 잎이 크고, 햇빛이 부족한 아랫가지는 잎이 작은 대신 잔뜩 있어 더욱 많은 햇빛을 모을 수 있어요.

5월 말이면 피는 쥐똥나무 꽃은 끝이 4갈래로 갈라진 통꽃으로 크기가 작아요. 하지만 작고 흰 꽃 여러 송이가 모여서 피어나는 모습은 참으로 사랑스러워요. 쥐똥나무 꽃은 예쁘고 향기롭지만 아쉽게도 가지치기를 너무 열심히 하는 바람에 쥐똥나무 꽃을 보기 어려운 경우도 많답니다.

따뜻한 남쪽 지방의 아파트나 길가에서 쥐똥나무와 닮은 잎이 유난히 반짝이는 나무를 봤다면 광나무를 본 것일 수도 있어요. 광나무는 쥐똥나무와 같은 물푸레나무과에 속하는 나무로 잎에서 빛이 나서 '광(光)나무'라고 불러요. 광나무는 생김새뿐 아니라 쓰임새도 쥐똥나무와 비슷하답니다.

 **조금만 더**

🌰 광나무(물푸레나무과): 따뜻한 남부지방에서만 볼 수 있다. 잎이 질기고 반짝반짝 빛이 난다. 사계절 늘 푸르고 깨끗하며 단정하다. 싹이 쑥쑥 잘 나오고 잔가지가 많아서 다양한 모양으로 다듬어 키운다.

산딸나무

층층나무과, 오뚝한 꽃자루로 미모를 자랑하는 나무

· 잎이 지는 중간키나무, 잎: 달걀 모양

· 꽃: 암수한그루, 흰색, 6월

· 열매: 붉은색, 둥근 모양, 10월

산딸나무는 산에서 자라고 열매가 딸기처럼 생겨서 산딸나무라고 불러요. 초여름이면 짙푸른 나뭇잎 위로 쭉쭉 꽃자루를 세워 여러 층의 희고 아름다운 꽃을 피우지요.

산딸나무 꽃은 꽃자루가 아주 길고 또 위를 보고 오뚝하게 서 있어서 마치 손으로 얼굴을 받쳐 들고는 '내 얼굴 예쁘지?' 하고 뽐내는 듯 보여요. 꽃잎처럼 보이는 희고 멋진 부분은 사실 꽃잎이 아니라 꽃차례를 보호해 주는 총포랍니다.

진짜 산딸나무 꽃은 하얀 총포 가운데 있는 동그란 덩어리예요. 아주 작은 꽃 여러 송이가 모여 만들어 낸 꽃차례지요. 꽃 한 송이 한 송이가 어찌나 작은지 여러 송이가 한꺼번에 모여서도 눈에 잘 보이지 않아요. 게다가 특별한 향기도 없어서 벌과 나비는 꽃이 있다는 것조차 알 수 없어요. 그래서 산딸나무에는 어여쁜 총포가 필요하지요.

꽃잎보다 크고 멋진 4장의 총포가 서로 마주 보는 모습은 마치 하얀 바람개비나 십자가 같아요. 산딸나무는 혹시라도 무성한 잎들에 가려 벌과 나비가 꽃을 못 찾을까 봐 긴 꽃자루 위에 꽃을 올려 놓았어요. 푸른 잎보다 높은 곳에 있으니 눈에 쏙 들어와요.

산딸나무 꽃 뭉치에 확대경을 가져다 대면 산딸나무 꽃의 아름다움에 감탄이 절로 나와요. 산딸나무 총포를 작게 줄여 놓은 것 같은 꽃송이가 무수히 많이 모여 있는 모습을 볼 수 있거든요. 산딸나무 꽃의 진짜 꽃잎은 대부분 금방 시들어 버려요. 하지만 총포는 거의 한 달 정도 매달려 있어요. 총포가 꽃잎보다 오랜 시간 아름다움을 뽐내며 꽃가루받이를 도와주는 셈

관찰해 볼까요?

잎: 달걀 모양으로 잎 윗면에 윤기가 나며 뒷면에 털이 많다. 가장자리에 물결 모양의 굴곡이 있다.

줄기: 갈색으로 오래된 나무에 둥근 모양의 얼룩무늬가 있다. 가지는 층을 이루어 수평으로 퍼진다.

꽃: 머리 모양의 꽃차례에 작은 꽃 20~30송이가 모여 피고 하얀 총포 4장이 감싼다.

열매: 둥글며 과육이 빨갛게 익는다.

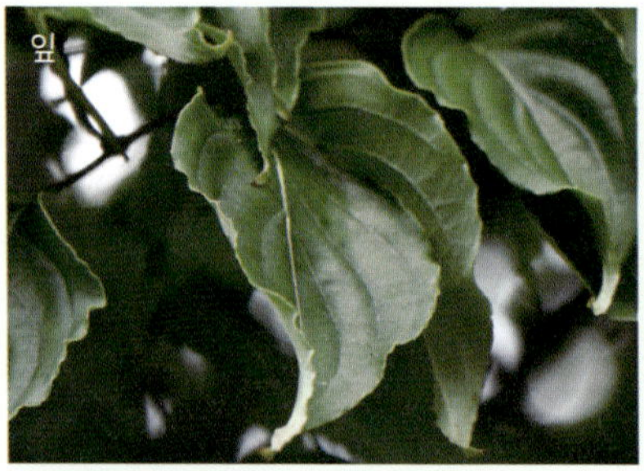
잎

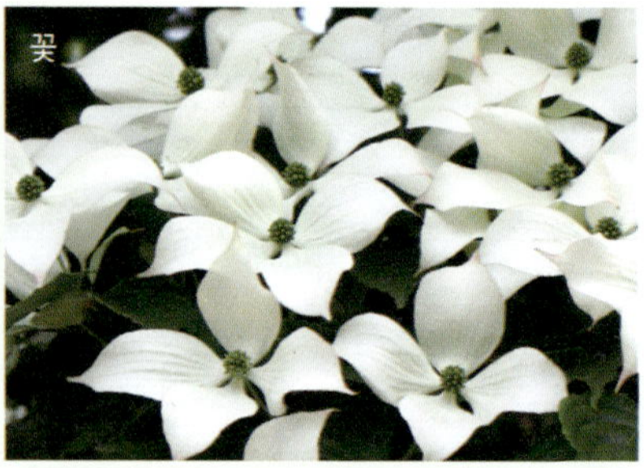
꽃

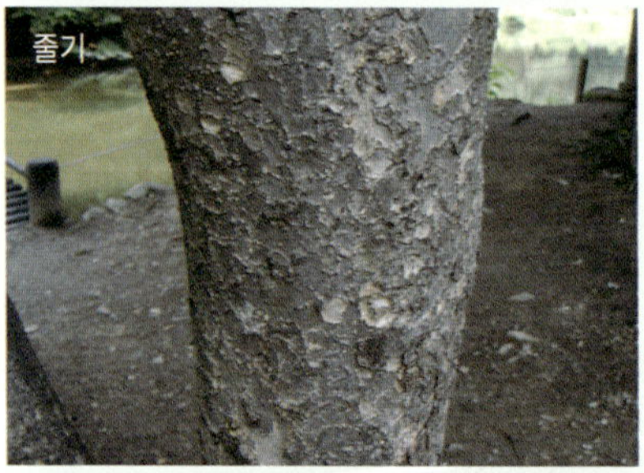
줄기

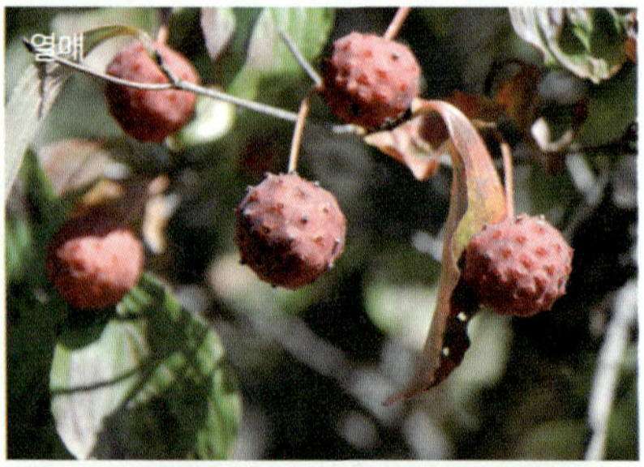
열매

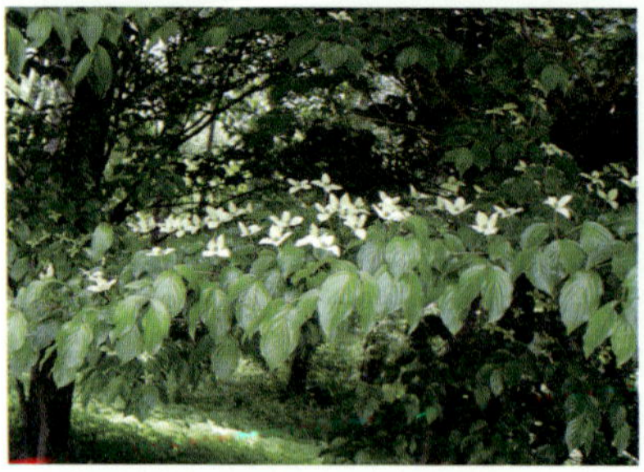

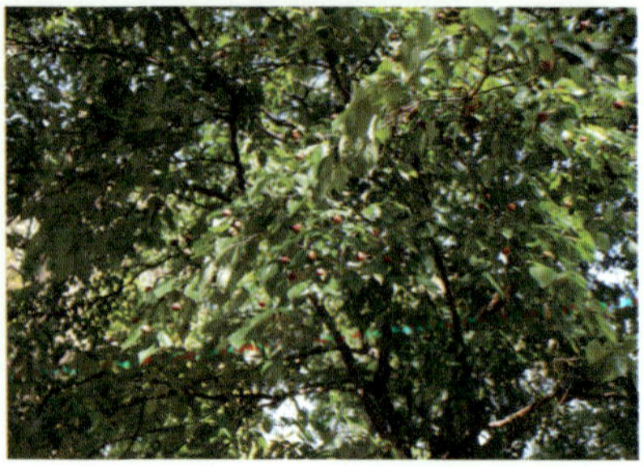

이에요.

꽃이 지고 총포도 떨어지고 난 뒤 열매가 열려요. 가을이 되어 열매가 빨갛게 변하면 마치 딸기처럼 보여요. 산딸나무 열매는 생김새만 딸기와 닮은 것이 아니라 살과 즙이 많은 것이 비슷해서 새들에게 아주 좋은 먹이랍니다.

산딸나무 꽃은 너무 작아서 아름다움을 뽐내지 못하지만, 산딸나무 잎은 확실히 잘생겼어요. 잎 가장자리에 잔물결 같은 곡선이 있고 윤기가 나요. 또 산딸나무 줄기는 잿빛 도는 갈색에다 단단하고 무늬가 아름다워서 조각품, 악기 등을 만드는 데 사용하지요. 산딸나무는 공해에 강한 데다가 아름답고 오래도록 피어 있는 총포 덕분에 요즘 공원이나 아파트 정원 등에서 많이 심고 있답니다.

산딸나무와 비슷하게 생겼는데 분홍 꽃이 피거나 잎도 없이 꽃만 달랑 있는 나무를 보았다면 서양산딸나무를 만났다고 생각해 주세요.

조금만 더

🐌 **서양산딸나무(층층나무과):** 북아메리카가 고향이다. 꽃산딸나무라고도 부르며 산딸나무와 달리 송포가 잎보다 먼저 피거나 함께 가지 끝에 핀다. 꽃잎처럼 생긴 분홍색 혹은 하얀색 총포 조각의 끝이 오목하다.

칡

콩과, 낮잠을 즐기는 나무

· 잎이 지는 덩굴나무, 잎: 작은 잎 3장의 겹잎

· 꽃: 암수한그루, 자주색, 8월

· 열매: 갈색 꼬투리, 9~10월

'갈등(葛藤)'이라는 말을 아나요? 한자로 '갈(葛)'은 '칡'을 가리키고, '등(藤)'은 '등나무'를 가리켜요. 칡 줄기는 시계 반대방향으로 꼬며 올라가고, 등나무 줄기는 시계방향으로 꼬면서 자라요. 갈등은 칡과 등나무가 엉켜서 자라는 것처럼 복잡한 상태를 말해요.

칡은 풀일까요? 나무일까요? 칡은 줄기가 덩굴이라 흔히 풀이라고 생각해요. 하지만 칡은 줄기가 해마다 추위 속에서도 살아남아 조금씩 굵어지는 확실한 나무랍니다.

칡은 잎을 움직여 햇빛을 효과적으로 이용하는 능력이 뛰어나요. 빛을 조금이라도 잘 받기 위해 잎끼리 겹치지 않도록 아래 두 잎의 잎맥 윗부분의 크기가 작아요. 햇볕이 쨍쨍 내리쬐는 한낮이면 잎을 위로 세워 모으고 '낮잠'을 자요. 햇빛이 너무 강하면 광합성도 할 수 없을뿐더러 잎에 해롭기 때문이에요. 물론 칡은 '밤잠'도 자요. 밤이 되면 잎을 아래로 모아 닫고 잠을 자는데, 잎으로부터 수분이 달아나는 것을 막기 위해서예요.

칡은 10m나 되는 긴 덩굴로 다른 나무들을 감고 올라가서는 자신의 잎으로 나무들을 덮어 버려요. 칡덩굴이 감고 올라간 나무는 햇볕을 못 받아 결국 말라 죽고 말지요. 이 때문에 산을 가꾸는 사람들은 칡덩굴을 굉장히 싫어해요. 칡덩굴이 산에 있는 나무들을 죽일까 봐 걱정하기 때문이에요.

한편 칡은 엄청나게 빠른 속노로 도로가 갈라진 틈이나 산을 깎은 자리에서 자라나요. 이때 흙이 흘러내리는 것을 막아 줘요. 이처럼 빨리 자라날 수 있는 엄청난 힘은 어디서 나올까요? 바로 칡이 에너지를 비축하기 때문이에요. 칡은 덩굴식물이므로 줄기가 자랄 때 위로 곧게 자라나려는 성질을

관찰해 볼까요?

줄기: 갈색 빛이 나고 어린 줄기에 털이 많다.

꽃: 긴 꽃차례에 나비 모양의 붉은 자주색 작은 꽃이 여러 송이가 어긋나게 붙어서 핀다.

잎: 3장씩 붙은 겹잎으로 잎 가장자리가 3갈래로 얕게 갈라지고 밋밋하다. 잎자루는 10~20cm로 아주 길다. 잎 앞뒤와 잎자루에 털이 나 있다.

열매: 5~10cm 길이의 꼬투리에 갈색 털이 나 있다.

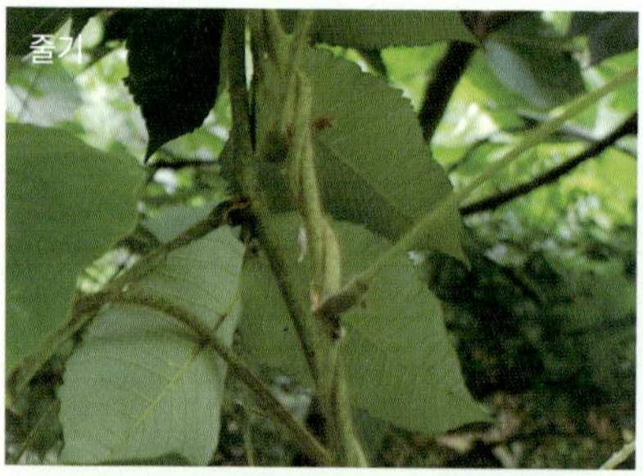
줄기

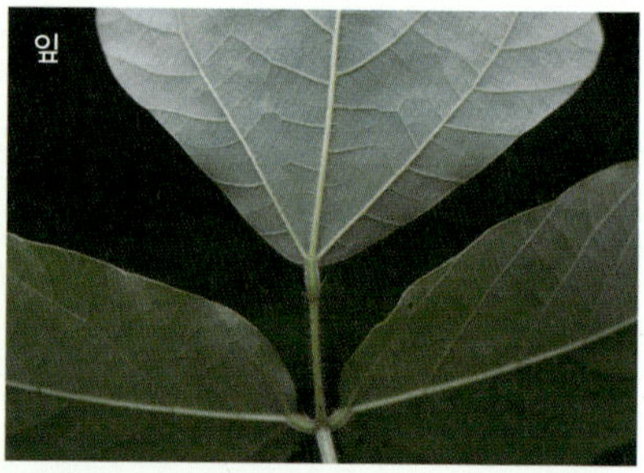
잎

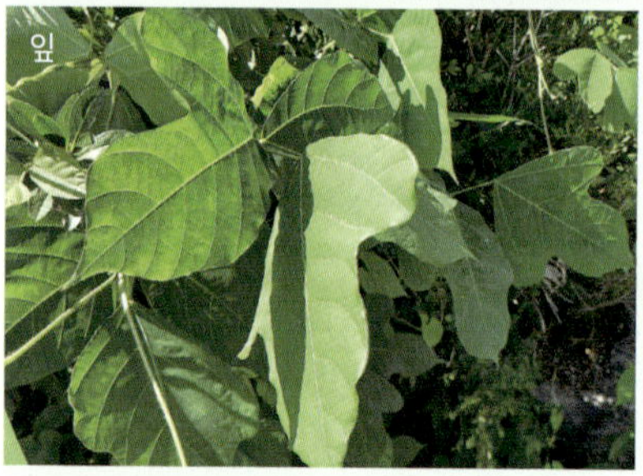
잎

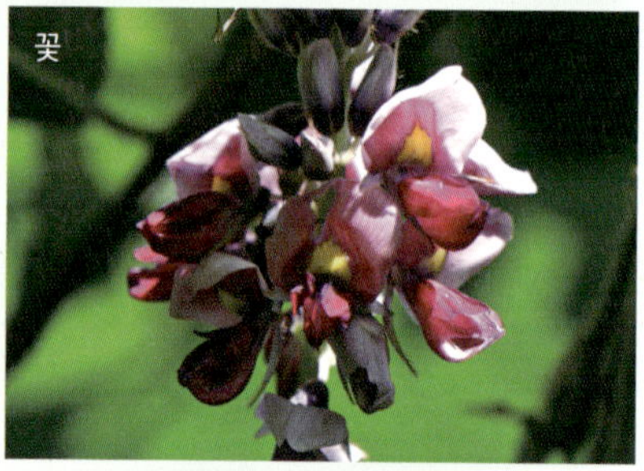
꽃

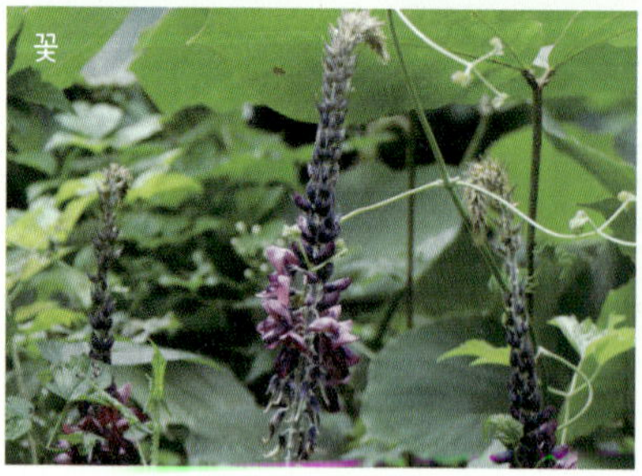
꽃

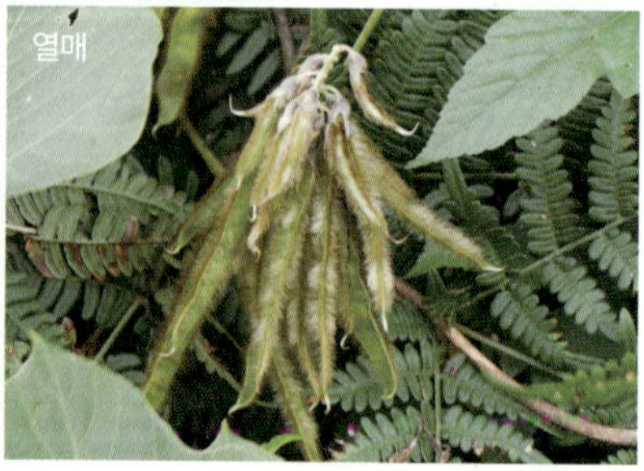
열매

가진 다른 나무처럼 큰 에너지를 쓸 필요가 없어요. 또한 칡은 크고 굵은 뿌리에 많은 영양분을 축적해 두어서 큰 힘을 쓸 때 유리하답니다.

칡은 쓰임새가 아주 다양해요. 줄기와 잎은 동물의 먹이로 쓰이고, 줄기 껍질로는 여러 가지 물건을 만들어요. 특히 칡뿌리는 '갈근(葛根)'이라고 부르는데, 갈근은 가벼운 감기 기운을 잡아 주지요.

8월 무렵이면 칡꽃 뭉치를 볼 수 있어요. 칡꽃 뭉치는 밑에 있는 꽃부터 피기 시작해서 꼭대기에 있는 꽃까지 차례로 피어나요. 칡꽃 뭉치의 꽃들이 서로 시간 간격을 두고 피는 것은 곤충을 조금이라도 오래 불러들여 좋은 씨앗을 맺으려는 노력이에요. 칡은 힘들게 맺은 씨앗을 다른 동물들이 먹지 못하도록 긴 갈색 털을 꼬투리에 잔뜩 붙여 놓았어요.

등칡은 칡과 같은 덩굴 식물로 잎 모양이 칡과 닮았어요. 언뜻 보면 칡으로 착각하기 쉽지만, 등칡은 칡과는 전혀 다른 집안인 쥐방울덩굴과에 속해요.

조금만 더

🌰 **등나무(콩과):** 잎자루 하나에 작은 잎 13~19장이 달리는 깃꼴겹잎으로 끝이 뾰족하고 가장자리가 밋밋하다. 꽃자루 있는 보라색 꽃이 긴 꽃줄기에 여러 송이가 어긋나게 주렁주렁 달린다.

🌰 **등칡(쥐방울덩굴과):** 잎은 큰 하트 모양이다. U자 모양으로 꼬부라진 초록 꽃이 마치 악기인 색소폰 같아 보인다. 등칡 꽃은 향기가 좋지 않다. 열매도 긴 타원 모양이다.

무궁화

아욱과, 날마다 새로운 꽃을 보여 주는 나무

- 잎이 지는 작은키나무, 잎: 달걀 모양
- 꽃: 암수한그루, 분홍색, 7~8월
- 열매: 갈색, 달걀 모양, 10월

여름이면 매일 새로운 꽃을 피우는 무궁화를 만날 수 있어요. 이른 아침에 핀 꽃은 오후가 되면서 꽃잎을 닫기 시작해 밤 12시가 되면 완전히 오므라들어요. 한 송이가 지고 나면 또 다른 꽃이 피어나고, 꽃이 지면 또 다른 꽃이 피어나요. 무궁화는 여름부터 초가을까지 줄기차게 새 꽃을 피워요. 자그마한 나무가 자그마치 100일 동안 하루도 빠짐없이 꽃을 피우다니 정말 대단하지요?

작은 무궁화 나무 한 그루가 날마다 20~50송이 정도 꽃을 피워요. 1년이면 약 2천에서 5천 송이 정도의 꽃을 피운다는 이야기가 되지요. '무궁(無窮)'은 '끝이 없다.'라는 뜻이에요. 무궁화는 제 이름처럼, '피고 지고 또 피어 무궁화라네.'라는 노래의 가사처럼 여름 한철 그야말로 끝없이 피어난답니다.

원래 무궁화의 고향은 인도와 중국이래요. 하지만 아주 오랜 옛날 우리나라에 들어와 우리나라를 대표하는 꽃이 되었어요. 낯선 외국 꽃에서 나라를 대표하는 꽃이 될 수 있었던 것은 무궁화의 강한 생명력 덕분이지요. 무궁화는 추운 겨울을 빼고는 언제 심어도 아주 잘 자란답니다.

무궁화 꽃은 종류에 따라 홑꽃도 있고, 겹꽃도 있어요. 홑꽃은 보통 꽃잎이 5장이고 20~40개의 수술과 1개의 암술이 있어요. 겹꽃은 수술과 암술이 꽃잎으로 변한 것으로 암술이 변한 정도에 따라 생김새가 다양해요. 무궁화는 꽃 모양뿐 아니라 색도 분홍색에서 흰색, 연분홍색, 다홍색, 보라색까지 점점 다양해지고 있답니다.

무궁화 꽃잎 안쪽에 있는 진한 붉은빛 둥근 무늬는 벌, 나비들을 꿀샘으

잎: 달걀 모양으로 3갈래로 얕게 갈라지고 가장자리에 톱니가 있다.

줄기: 회갈색이고 가늘다.

꽃: 꽃잎은 보통 분홍색으로 5장이며 품종에 따라 다양한 색깔과 겹꽃이 있다.

열매: 열매껍질에 털이 나 있고, 씨앗에 긴 털이 있다.

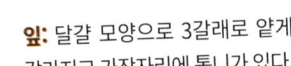

잎

꽃

열매

열매

줄기

로 안내하는 신호등이에요. 무궁화는 다른 꽃들과 달리 굵고 긴 암술대에 작은 수술 여러 개가 달렸어요.

무궁화는 공원, 학교, 가로수 등에 무리 지어 심으면 아주 아름다워요. 나무 모양을 다듬기 쉽고, 줄기에서 가지가 많이 나와서 울타리 대신 사용해요.

간혹 길가에서 무궁화와 닮은 손바닥만 한 꽃이 시원스럽게 피어 있는 모습을 볼 수 있어요. 부용이에요. 부용은 꽃 모양이 무궁화와 비슷해 곧잘 무궁화로 착각하기도 해요. 하지만 부용은 무궁화보다 꽃과 잎의 크기가 훨씬 더 크고 화려해요. 게다가 부용은 사실 나무가 아니에요. 풀과 작은키나무의 중간쯤이라고 할 수 있지요. 부용은 원래는 부드러운 줄기를 가진 풀이었어요. 그런데 따뜻한 곳에서 살다 보니 겨울을 무사히 이기고 줄기의 일부가 나무처럼 단단해져서 나무처럼 변했답니다.

 **조금만 더**

🌰 **무궁화(아욱과):** 잎이 4~10cm로 위쪽이 보통 3갈래로 갈라져 있다. 꽃은 품종에 따라 색도 모양도 다양하다. 꽃의 크기는 6~10cm 정도로 부용 보다 작다.

🌰 **부용(아욱과):** 잎이 10~20cm로 크며 둥근 모양으로 가장자리가 3~7갈래로 갈라지며 끝이 뾰족하다. 꽃은 분홍색으로 지름이 10~13cm 정도로 크다.

산초나무

운향과, 향긋한 향기로 호랑나비를 키우는 나무

- 잎이 지는 작은키나무, 잎: 깃꼴겹잎

- 꽃: 암수딴그루, 옅은 녹색, 8월

- 열매: 갈색, 둥근 모양, 10월

산초나무는 낮은 숲 가장자리에서 자주 만날 수 있어요. 산초나무는 잎과 열매에서 레몬 냄새 같은 향긋한 향기가 나요. 그래서 냄새만 맡아 봐도 금방 알 수 있어요. 산초 잎과 열매에서 향기가 나는 것은 산시올 때문이에요. 산시올은 마취 효과와 살충 효과가 있는 물질이랍니다. 그래서 이가 아플 때 산초나무 열매껍질을 씹으면 나아져요. 또 벌에 쏘이거나 모기에 물렸을 때 산초나무 잎이나 열매를 빻아서 소금에 비벼 붙이면 통증이 금방 사라지지요.

모기약이 없던 옛날에는 모기를 쫓을 때 산초 잎을 사용했어요. 서양에서는 산초나무를 '이가 아플 때 필요한 나무'라는 뜻에서 '치통 나무(Toothache tree)'라고 불러요. 산초나무 모습을 잘 기억해 두면 산이나 들에서 아주 요긴하게 써먹을 수 있답니다.

옛날에는 산초나무의 쓰임새가 더욱더 다양했어요. 산초나무 열매는 톡 쏘는 매운맛과 상큼한 향 때문에 향신료로 많이 썼지요. 특히 덜 익은 산초나무 열매는 추어탕이나 매운탕을 끓일 때 넣어 비린내를 없애고, 생선 독도 잡았답니다. 산초나무 잎 가장자리에는 톱니가 있는데 톱니 샘에서는 독특한 향기가 나요. 함부로 꺾거나 동물들이 먹는 것을 막으려고 가지에 가시도 많이 돋아 있지요.

8월 무렵이면 줄기 끝에서 은은한 산초향이 나는 꽃이 피어나요. 산초나무 꽃은 암꽃과 수꽃이 서로 다른 나무에서 피어요. 산초나무 꽃은 여러 송이가 모여 피는데, 꽃차례 꼭대기로 갈수록 꽃자루가 짧아져서 평평한 모양이 된답니다.

잎: 작은 잎이 11~12장이 모여서 깃꼴겹잎을 이룬다. 작은 잎 가장자리에 톱니가 있다.

꽃: 꽃잎이 5장 달린 아주 작은 연둣빛 꽃이 줄기 끝에 여러 송이 피어 모인 우산 모양 꽃차례를 만든다.

열매: 둥근 모양으로 녹색이 도는 갈색으로 익는다. 씨앗은 까맣고 반짝반짝 윤이 난다.

줄기: 가시가 어긋나기로 많이 나 있다.

잎

꽃

열매

줄기

산초나무를 만나면 잎을 잘 관찰하세요. 운이 좋으면 산초나무 잎을 먹고 자라는 호랑나비 애벌레를 볼 수 있어요. 산초나무 잎이 나오는 봄이면 호랑나비가 날아와 알을 낳지요. 호랑나비 애벌레는 처음 알에서 깨어난 1령 때부터 넉 잠을 자기 전인 4령 때까지는 새들의 공격을 피하려고 새똥 같은 모습을 하고 있어요. 넉 잠을 자고 난 뒤 5령이 되면 그제야 예쁜 초록색 애벌레가 되지요.

산초나무와 초피나무는 잎과 꽃이 많이 닮았어요. 생김새가 비슷하지만, 사는 곳은 서로 달라요. 산초나무는 중부지방에서 많이 자라고, 초피나무는 남부지방에서 많이 자라지요. 산초나무는 줄기에 가시가 어긋나 있고, 초피나무는 줄기에 가시가 마주나 있어요. 또 산초나무는 늦은 여름에 꽃이 피고, 초피나무는 봄에 꽃이 피지요. 산초나무와 초피나무는 모두 식용이나 약용으로뿐 아니라 향신료로도 사랑받는 나무입니다.

 **조금만 더**

🌰 **산초나무(운향과):** 가지에 가시가 어긋나기로 달렸으며 7월 말경에 꽃이 핀다.

🌰 **초피나무(운향과):** 가시가 마주나기로 나란히 달렸으며 5월경이면 꽃을 볼 수 있다.

자귀나무

콩과, 밤이면 잎을 모으고 잠드는 나무

- 잎이 지는 중간키나무, 잎: 2중 깃꼴겹잎
- 꽃: 암수한그루, 분홍색, 6~7월
- 열매: 갈색 꼬투리, 9~10월

여름이면 사람들이 누구나 한 번쯤 자귀나무 아래 걸음을 멈춰요. 진분홍 비단 실을 매단 듯한 향긋한 자귀나무 꽃이 피기 시작하는 순간이기 때문이지요. 자귀나무는 남다른 생김새 때문에 '외국에서 들어온 나무'라는 오해를 많이 받아요. 사실 자귀나무는 산기슭이나 양지바른 곳에서 저절로 잘 자라는 확실한 우리 나무랍니다.

자귀나무는 여유를 즐길 줄 아는 나무 같아요. 약간 굽은 듯 자란 줄기에 듬성듬성 달린 가지 사이로 바람이 솔솔 지나가고, 여름이 거의 다 되어야 느릿느릿 잎이 나와요. 그리고 밤이면 언제나 서로 마주 보고 있는 잎들이 포개져서 마치 눈을 감고 자는 것 같아요. 그래서 '자는 모습이 귀신 같다.'라고 해서 자귀나무라는 이름이 붙었다는 말이 있어요. 물론 나무를 깎거나 다듬는 데 사용하는 자귀의 손잡이를 만드는 데 쓰는 나무라서 붙은 이름이라는 이야기도 있답니다.

세상에 자귀나무만 한 살림꾼은 없을 거예요. 에너지 낭비를 막으려고 밤이면 잎을 곱게 모을 줄 알아요. 잎을 모으면 밖으로 드러나는 잎이 줄어들게 되고 그만큼 에너지가 빠져나가는 것을 막을 수 있어요. 낮에는 햇빛을 받아 광합성을 해서 영양분을 만들어야 하기 때문에 잎을 활짝 펴는 게 좋아요. 하지만 빛이 없는 밤에는 광합성을 할 수 없어서 굳이 잎을 펴지 않아도 괜찮아요. 잎을 펴는 것보다 닫는 편이 에너지를 아낄 수 있대요. 그래서 자귀나무는 비가 오거나 바람이 심하게 불 때도 잎을 닫아요.

자귀나무 잎은 햇빛을 따라 움직이며 효율적으로 에너지를 만들고 관리해요. 자귀나무는 남들보다 늦게 잎이 나기 시작하기 때문에 에너지를 최대

잎: 잎자루 양쪽으로 칼 모양의 작은 잎이 달리고 다시 여러 개의 잎자루가 줄기에 달린 2중 깃꼴 겹잎이다.

줄기: 회갈색으로 껍질눈이 발달되어 있고 어린 가지는 각이 져 있다.

꽃: 초록빛이 도는 작은 꽃잎에 20~25개의 긴 진분홍 수술과 1개의 암술이 들어 있다. 15~25송이의 꽃이 우산살 모양으로 모여 퍼져 있다.

열매: 꼬투리 모양으로 갈색이다.

잎

잎

꽃

꽃봉오리

열매

한 아껴서 사용할 줄 알아요.

노란 꽃밥을 매단 수십 개의 수술은 마치 꽃잎 같아요. 자귀나무 꽃의 진분홍 비단 실처럼 길고 화려한 부분은 꽃잎이 아니라 수술이에요. 자귀나무 꽃은 수술이 유난히 아름다운 꽃이지요. 그래서 화려한 긴 수술이 곤충을 유혹해서 꽃가루받이해요.

화려하던 꽃이 지면 콩깍지 모양의 열매가 달려요. 자귀나무 꼬투리는 겨우내 세찬 눈보라 속에서도 떨어지지 않아요. 바람이 불면 꼬투리끼리 부딪치며 사각사각 소리를 낼 뿐이에요. 때가 되면 꼬투리가 깨지고 씨앗이 땅에 떨어져요.

우리 조상은 자귀나무 잎이 서로 합쳐지는 모습이 마치 사이좋은 부부 모습 같다고 하여 자귀나무를 집 주위에 심기도 했답니다.

 **조금만 더**

🌰 **왕자귀나무(콩과)**: 목포 유달산에서만 자라는 우리나라 희귀식물이다. 자귀나무에 비해 작은 잎의 크기가 더 크고 수술이 많으며 옅은 노란색이다.

느티나무

느릅나무과, 에어컨 뺨치게 시원한 나무

· 잎이 지는 큰키나무, 잎: 달걀 모양

· 꽃: 암수한그루, 암수꽃 모두 연두색, 4~5월

· 열매: 노란빛 도는 녹색, 일그러진 콩 모양, 10월

느티나무는 봄·여름·가을·겨울 언제나 멋진 모습을 하고 있어요. 늦은 봄이면 붉은빛 새 가지에 연초록 예쁜 잎이 돋아나고, 여름이면 무성한 잎으로 멋진 그늘을 드리우지요. 가을이면 노란빛, 주황빛으로 곱게 단풍이 들고, 겨울이면 가지 위에 하얀 눈이 소복이 쌓여요.

느티나무는 가지가 사방으로 고루 퍼져 자라요. 게다가 나무 윗부분이 크고, 잎이 무성해 그늘이 짙어요. 더운 여름이면 동네 사람들이 느티나무 그늘로 모여들지요. 시원한 나무 그늘에 자리를 깔고 누우면 잠이 스르르 온답니다. 오래된 시골 마을 입구에는 아름드리 느티나무가 서 있는 경우가 많아요. 마을 입구에 서 있는 나무는 흔히 정자나무라고 불러요. 마을 사람들과 함께 살아 온 느티나무는 마을의 모든 역사를 아는 친구이자 마을을 지켜 주는 나무로 생각해 신목(神木)이라고 부르기도 한답니다.

느티나무는 키가 아주 크고 몸집이 웅장해요. 그리고 천 년이 넘게 오래 사는 나무로 유명하지요. 나라에서 정한, 나이가 많아 특별히 보호해야 하는 나무 가운데 느티나무가 가장 많아요. 오래된 느티나무는 얼마나 굵은지, 재어 보려면 서너 사람이 팔을 벌려 껴안아야 해요.

느티나무는 옛날부터 뛰어난 목재로 쓰였어요. 느티나무 목재는 황색빛이 나고 결이 곱고 윤이 나지요. 벌레가 슬지 않고 잘 썩지도 않아요. 잘 갈라지지 않고 단단해서 충격에 강해요. 게다가 원하는 모양으로 다듬기도 아주 좋아요. 느티나무는 특히 무늬가 아름다워요. 나무가 크게 자라면 자랄수록 물결무늬, 동글동글한 무늬, 모란꽃 무늬 등 무늬가 더 크고 선명해져요. 그래서 장롱의 재료로는 느티나무가 으뜸이래요.

꽃: 암수 모두 연두색으로 암꽃은 새 가지 위쪽 잎겨드랑이에 1~2 송이씩 포개져 달리고, 수꽃은 아래쪽에 달린다.

잎: 달걀 모양으로 가장자리에 고른 톱니가 있고 잎맥이 나란하며 8~14쌍이다.

열매: 잎겨드랑이에 작은 콩알 크기로 달리며 노란빛으로 익는다.

줄기: 갈색이며 껍질눈이 발달해 있다. 어린 나무는 줄기가 매끈매끈하지만, 나이가 들면 나무껍질 조각이 비늘처럼 떨어진다.

수꽃

암꽃

잎

열매

줄기

느티나무는 큰 덩치에 어울리지 않게 꽃이 아주 작아요. 어찌나 작은지 보고 싶은 마음이 간절한 사람만이 볼 수 있다는 말이 있을 정도예요. 4~5월에 돋아난 잎이 손가락 한 마디 정도 자라면 먼저 새 가지 밑에서 연둣빛 수꽃이 올망졸망 피어나요. 수꽃의 꽃가루가 사라질 무렵이면 새 가지 위쪽 잎겨드랑이에서 귀여운 암꽃을 볼 수 있어요. 암꽃은 암술머리가 2개로 갈라져 있고, 하얀 털이 소복이 나 있지요. 덕분에 다른 나무로부터 날아오는 꽃가루를 아주 잘 붙잡아요.

왜 암꽃과 수꽃이 피는 시기가 차이가 날까요? 암꽃과 수꽃이 피는 시기가 달라야 자기 꽃가루를 자기가 받지 않을 수 있어요. 암꽃이 다른 나무의 꽃가루를 받아야 좀 더 좋은 씨앗을 만들 수 있기 때문이에요.

나뭇잎이 모두 떨어진 겨울에는 나무껍질만 보고 느티나무와 벚나무를 착각하기도 해요. 하지만 조금만 살펴보면 쉽게 구별할 수 있어요.

 조금만 더

🌰 느티나무(느릅나무과): 껍질눈이 짧은 점선을 그어 놓은 것 같다. 오래된 나무는 비늘처럼 나무껍질이 떨어진다. 나뭇잎이 무성하고 먼지가 잘 타지 않아 학교 운동장, 공원, 길거리 등에 많이 심는다

🌰 벚나무(장미과): 껍질눈이 서로 연결되어 가로 줄무늬를 만든다.

물푸레나무

물푸레나무과, 파란 물이 우러나는 나무

- 잎이 지는 큰키나무, 잎: 깃꼴겹잎
- 꽃: 암수딴그루, 암수꽃 모두 녹색, 5월
- 열매: 갈색, 길쭉한 주걱 모양 날개, 9~10월

물푸레나무 가지를 쪘어서 물에 담그면 물이 연한 푸른빛으로 변해요. '물을 푸르게 하는 나무'라니 정말 신기하지요? 처음에 물푸레나무 껍질을 물에 담근 사람들도 많이 신기했나 봐요. 물푸레나무는 '푸른 물이 우러나는 껍질을 가진 나무'라는 뜻에서 붙은 이름이랍니다. 물푸레나무로 물을 들이면 색이 잘 바래지 않고 고와요. 그래서 옛날 사람들은 물푸레나무에서 얻은 파란색 물감으로 옷감이나 종이를 물들였답니다.

물푸레나무를 태운 재로 물들인 옷감은 굉장히 귀하고 특별해요. 잿빛 위로 은은한 푸른빛이 돌며 빛깔이 곱고 우아할 뿐 아니라 색이 오래도록 변하지 않았거든요.

물푸레나무의 고운 빛깔은 옷감에 물들였을 때만 색이 오래가는 것은 아니에요. 물푸레나무 달인 물로 먹을 갈아 글씨를 쓰면 천 년을 지나도 색이 바래지 않는답니다.

물푸레나무는 물기를 좋아해요. 그래서 숲속 계곡 주변에서 잘 자라고 또 많이 볼 수 있어요. 숲속 계곡 주변에 흰색 얼룩무늬가 있는 나무를 봤다면 십중팔구는 물푸레나무일 거예요. 만약 가을에 잎이 지는 키가 큰 나무라면 더욱더 확실해요. 물푸레나무는 암나무와 수나무가 따로 있어요. 그래서 암꽃과 수꽃이 서로 다른 나무에서 피지요.

물푸레나무 꽃은 눈에 잘 띄지 않을 정도로 작아요. 여러 송이의 꽃이 뭉쳐서 원뿔 모양을 만들어요. 물푸레나무 열매는 길쭉한 주걱 모양의 날개를 달고 있어 바람을 타고 멀리까지 날아갈 수 있답니다.

물푸레나무는 단단하기로 아주 유명해요. 얼마나 단단한지, 옛날부터

잎: 달걀 모양의 작은 잎 5~7개가 모여서 만들어진 깃꼴겹잎으로 꼭대기 잎이 가장 크다.

꽃: 아주 작은 녹색 꽃이 긴 꽃줄기에 원뿔 모양으로 핀다.

열매: 길쭉한 주걱 모양의 날개가 달렸다.

줄기: 나무껍질은 잿빛 도는 옅은 갈색이고 더러 흰색 얼룩무늬가 있다.

잎

열매

수꽃

줄기

암꽃

'한 번 맞으면 멍든 것이 3년은 간다.'라는 말이 있어요. 물푸레나무는 단단하면서도 가벼워서 곡식을 터는 도리깨라든지 호미자루 같은 농기구를 만들 때 썼어요. 눈이 많이 오는 지역에서는 눈에 빠지지 않도록 하는 덧신인 설피를 만들 때 사용하기도 했지요. 요즘은 스키나 야구방망이의 재료로 많이 이용되고 있어요.

산에 가면 물푸레나무처럼 생겼지만, 잎 모양이 물푸레나무와 좀 다른 나무를 자주 만날 수 있어요. 물푸레나무보다 키도 작고 잎도 작아 앞에 '쇠' 자를 붙여 쇠물푸레나무라고 불러요.

쇠물푸레나무는 깃꼴겹잎으로 작은 잎이 5~9장으로 되어 있고, 꽃잎이 희고 가늘며 길쭉해요. 흰 꽃잎을 소복하게 단 쇠물푸레나무의 모습은 썩 아름다워요. 그래서 사람들이 쇠물푸레나무를 정원에 많이 심는답니다.

조금만 더

🌰 **쇠물푸레나무(물푸레나무과):** 작은 잎은 5~9장으로 된 깃꼴겹잎이며, 물푸레나무보다 잎이 작고 좁으며 길쭉하다. 꽃잎이 좁고 길며 하얀색으로 소복하게 핀다.

회화나무

콩과, 심기만 해도 큰 인물이 된다는 학자 나무

- 잎이 지는 큰키나무, 잎: 깃꼴겹잎
- 꽃: 암수한그루, 연노란색, 8월
- 열매: 갈색, 염주 모양 꼬투리, 10월

초록색 잎자루를 사이에 두고 여러 쌍의 잎이 매달려 있는 가로수를 본 적이 있나요? 잎의 생김새가 아까시나무와 닮은 나무 말이에요. 회화나무에 가시를 달면 아까시나무라고 거짓말을 해도 속을지도 몰라요. 회화나무는 가지와 잎이 무성해서 풍성하고 멋진 그늘을 만들어 내요. 좋은 그늘이 있으니 나무 아래 사람들이 모여드는 것은 당연하지요. 회화나무는 느티나무처럼 마을 입구에 많이 심고 마을 사람들이 모이는 장소로 인기가 많아요. 느티나무와 회화나무는 하는 역할이 비슷하지만 분위기가 전혀 달라요. 느티나무가 잔잔하고 차분하고 우아하다면, 회화나무는 가지의 뻗침이 자유롭고 시원하게 쫙쫙 뻗어서 힘이 있고 강인해 보여요.

회화나무는 한자로 '괴(槐)'라고 써요. 그래서 회화나무 꽃을 '괴화(槐花)'라고 부르지요. 한자 '괴(槐)'는 중국에서는 '회'라고 읽어서 회화나무 또는 홰나무라고 한답니다. 옛날 중국 주(周)나라 때 회화나무 세 그루를 궁에 심어 세 정승의 자리를 표시했어요. 그래서 예로부터 회화나무를 심으면 집안에 큰 학자가 나거나 나라를 위해 큰일을 할 인물이 태어난다고 믿었어요. 영어로는 '중국 학자나무(Chinese scholar tree)'라고 불러요.

'학자나무'라니 선비들이 참 좋아할 것 같은 이름이지요. 이름 덕분인지, 멋진 생김새 덕분인지, 오래된 양반집이나 서원 같은 곳에 가면 아름드리로 멋지게 자란 회화나무를 볼 수 있어요. 우리나라 어느 고궁에 가도 오래된 회화나무 한두 그루쯤은 있답니다.

여름이면 연노랑 나비 같은 여러 송이의 꽃이 긴 꽃줄기에 모여서 피어요. 꽃가루받이가 끝난 꽃은 꽃잎이 떨어지고 바로 씨방을 크게 키워요. 한

잎: 작은 잎 7~17장으로 된 깃꼴 겹잎이다. 작은 잎은 달걀 모양으로 잎끝으로 갈수록 뾰족해진다.

열매: 꼬투리가 짤록짤록한 마디가 있고 통통하다.

꽃: 나비 모양의 연한 노란색 꽃 여러 송이가 긴 줄기에 모여 핀다.

줄기: 굵은 줄기는 갈색이지만 새로 난 가지는 녹색이고 자르면 독특한 냄새가 난다.

잎

꽃

열매

줄기

쪽에서는 씨방이 크게 자라고, 다른 쪽에서는 계속 꽃이 피지요. 회화나무 열매는 꼬투리 모양으로 염주를 끼워 놓은 것같이 짤록짤록한 마디가 있고 통통해요. 회화나무는 사람들에게 좋은 그늘을 줄 뿐 아니라 공해에도 강하고 생김새가 훌륭해요. 그래서 중국과 일본, 우리나라에서는 가로수로 많이 심고 있어요. 특히 중국의 수도인 베이징은 회화나무 가로수로 유명하지요.

게다가 회화나무는 쓰임새가 굉장히 다양해요. 목재로 가구를 만들고, 꽃, 잎, 줄기 등은 귀한 약재이지요. 특히 회화나무 꽃은 고혈압에 좋다고 하여 말려서 꽃차로 달여 마시기도 한답니다.

 조금만 더

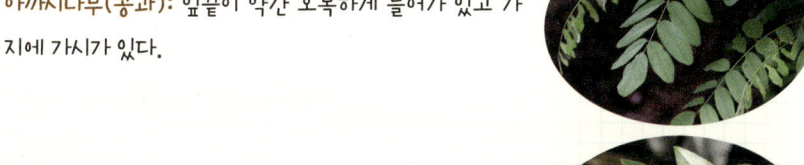

🌰 **아까시나무(콩과):** 잎끝이 약간 오목하게 들어가 있고 가지에 가시가 있다.

🌰 **회화나무(콩과):** 잎끝으로 갈수록 뾰족해지고 어린 가지가 녹색이다.

🌰 **수양회화나무(콩과):** 수양버들처럼 가지가 휘어진 회화나무이다.

모감주나무

무환자나무과, 황금비가 쏟아지는 나무

- 잎이 지는 중간키나무, 잎: 깃꼴겹잎
- 꽃: 암수한그루, 노란색, 6~7월
- 열매: 갈색, 꽈리 모양, 9~10월

화려하고 바쁜 봄날의 꽃 잔치가 끝나면 지루한 장마철이 오지요. 장마철에는 시도 때도 없이 쏟아지는 빗방울 때문에 세상의 어떤 나무도 꽃을 피우지 않을 것 같아요. 하지만 모감주나무는 장마철에 꽃을 피워요.

가지 끝에 솟아오른 긴 꽃대를 따라 샛노란 작은 꽃들이 줄줄이 피는 모습은 정말 산뜻해요. 특히 샛노란 꽃송이들이 바람을 따라 떨어질 때면 꼭 황금비가 쏟아지는 것 같답니다. 모감주나무를 영어로 '황금비 나무(Golden rain tree)'라고 해요. 노란 모감주나무 꽃이 떨어지는 모습을 본 적이 없어도 어떤 모습인지 그려지지 않나요?

모감주나무는 꽃뿐 아니라 가을이면 황금빛으로 물드는 잎도 예쁘고, 자그마한 생김새도 고와서 정원이나 공원에 많이 심어요. 모감주나무는 햇볕을 굉장히 좋아하는 편이지만 그늘진 곳에서도 비교적 잘 자라요. 게다가 추위와 공해를 이겨 내는 힘이 강해서 우리나라 어디에서나 잘 살아가지요. 모감주나무는 세계적으로 귀한 나무예요. 우리나라에는 충남 안면도, 경북 포항 등에 천연기념물로 지정된 모감주나무 숲이 있어요.

모감주나무 꽃은 꽃잎이 4장으로 뒤로 젖혀져서 보는 방향에 따라 꽃잎이 없는 것처럼 보여요. 하지만 꽃을 찾아 날아온 벌이 앉기에 더할 나위 없이 좋아요. 꽃가루받이가 끝난 꽃은 꽃잎 밑부분이 꼭 붉은 립스틱을 바른 것처럼 변해요. 보다 화려한 모습으로 벌과 나비를 유혹하기 위한 변신이지요. 모감주나무 꽃이 지고 나면 꽈리 모양의 열매 주머니가 뚝뚝 솟아나듯 생겨요.

가을이 되면 열매 주머니가 셋으로 갈라지면서 검은 윤기가 자르르 흐

잎: 작은 잎 7~15개로 이루어진 깃꼴겹잎이다. 작은 잎은 달걀 모양으로 잎 가장자리에 불규칙한 톱니가 있다. 한 나무에 달린 잎끼리도 톱니 모양이 다르다.

줄기: 나무껍질이 세로로 길게 갈라져 있다.

꽃: 25~35cm 길이의 긴 꽃대에 여러 송이의 노란 꽃이 핀다. 꽃잎은 4장으로 뒤로 젖혀지고 꽃잎 밑의 일부분이 붉게 물든다.

열매: 꽈리 모양의 주머니 안에 열매가 3개 들어 있다. 콩 모양의 윤기 나는 까만 열매는 아주 단단하다.

잎

꽃

열매

열매

줄기

르는 콩알만 한 크기의 씨앗 세 개가 얼굴을 내밀어요. 꽈리 모양의 주머니는 바람개비가 되어 씨앗을 멀리 날리기도 하고 물에 뜨는 갈색보트가 되어 씨앗을 태우고 여행을 떠난답니다. 모감주 열매에는 비누를 만드는 사포닌 성분이 있어요. 그래서 옛날에는 비누 대신으로 모감주나무 열매를 사용하기도 했답니다.

모감주나무 씨앗은 다 익으면 돌처럼 아주 단단해서 스님들이 목에 거는 염주를 만들 때 써요. 그래서 '목염주나무'라고 부르다가 '모감주나무'가 됐대요.

무환자나무과에 속하는 모감주나무 열매와 비슷하게, 피나무과에 속하는 거의 모든 나무의 열매들은 염주를 만드는 재료로 쓰여요. 열매가 둥그스름하고 단단하기 때문이지요. 피나무과에 속하는 나무는 유난히 잎의 생김새가 비슷해서 열매의 생김새를 보고 구별한답니다.

 **조금만 더**

🌰 **염주나무(피나무과):** 열매가 달걀 모양으로 끝이 뾰족하며, 열매의 밑에서 끝까지 5개의 줄이 있다.

🌰 **찰피나무(피나무과):** 열매가 둥글고, 열매의 아래쪽에만 5개의 줄이 있다.

수국

범의귀과, 꽃 색이 변하는 신비로운 꽃

- 잎이 지는 작은키나무, 잎: 달걀 모양
- 꽃: 암술, 수술이 없음, 보라색이나 분홍색, 6~7월

한여름이면 풍성한 수국을 만날 수 있어요. 수국은 '물을 좋아하고 국화처럼 넉넉한 꽃을 피운다.'라는 뜻이에요. 여러 송이의 작은 꽃송이가 커다란 공 모양으로 뭉쳐서 빗속에 피어 있는 모습은 남다른 아름다움을 자랑해요. 수국은 커다란 꽃 뭉치뿐 아니라 신기한 꽃 색깔로도 유명하답니다.

수국은 꽃 색깔이 자꾸자꾸 변해요. 분홍색, 남색, 하늘색, 보라색 등 다양한 색깔로 변신하지요. 처음 수국 꽃이 필 때는 거의 흰색에 가까운 연한 녹색이에요. 시간이 흐를수록 차츰 푸르게 변하고 다시 붉은색을 띠다가 나중에는 자주색이 되지요. 자주 바뀌는 꽃 색 때문에 수국의 꽃말을 '변하기 쉬운 마음'이라고 한답니다.

수국은 시간의 흐름뿐 아니라 땅속에 들어 있는 성분에 따라 꽃 색이 변해요. 땅속에 조개껍데기나 달걀껍데기 같은 알칼리성 물질이 있으면 꽃의 분홍색이 짙어져요. 반대로 식초 같은 산성 물질이 있으면 푸른색이 선명해져요. 수국의 특성을 잘 이용하면 우리가 원하는 대로 수국 꽃의 색깔을 바꿀 수 있어요. 그래서 수국이 자라는 땅에 여러 가지 물질을 넣어 원하는 꽃 색깔을 만들기도 해요.

수국 꽃은 풍성하고 아름답지만 열매를 맺지 못해요. 왜냐하면, 수국은 암술과 수술이 없기 때문이에요. 우리가 꽃잎이라고 생각하는 것은 사실 꽃잎처럼 변한 꽃받침이랍니다.

수국은 열매를 맺을 수 있는 진짜 꽃을 빼고 조금 더 보기 좋은 꽃받침만 피도록 만든 품종이에요. 수국의 꽃받침은 원래 너무나도 작은 암술과 수술이 있는 진짜 꽃 대신 곤충을 불러들이는 역할을 했었어요. 산수국을 보면

꽃: 꽃잎 모양의 꽃받침이 4~5장으로 여러 송이의 꽃이 공 모양으로 핀다. 무성화만 피므로 열매를 맺지 못한다. 품종에 따라 꽃 색이 다양하다.

잎: 달걀 모양이고 두꺼우며 윤기가 난다. 잎은 길이가 5~15cm, 너비가 2~10cm로 끝이 뾰족하고 가장자리에 톱니가 있다.

줄기: 여러 갈래로 갈라진다.

꽃

잎

진짜 꽃과 가짜 꽃의 차이를 확실히 알 수 있지요. 산수국은 수국과 같은 꽃받침으로 된 가짜 꽃도 있고, 진짜 열매를 맺을 수 있는 꽃도 가지고 있거든요. 가짜 꽃은 진짜 꽃을 도와요. 진짜 꽃의 꽃가루받이가 끝나면 가짜 꽃이 땅을 향해 뒤집혀서 벌과 나비에게 오지 말라고 신호를 보내지요.

수국처럼 암술과 수술이 모두 없는 꽃을 '무성화(無性花)'라고 해요. '무성(無性)'이란 남자와 여자를 나누는 성별이 없다는 뜻이에요. 꽃에 성별이 없으니 서로 짝을 지어 새로운 생명을 만들어 낼 수 없어요. 수국은 비록 열매를 맺지 못하지만, 가지를 잘라서 땅에 꽂아 뿌리를 내리게 하는 꺾꽂이로 번식할 수 있어요.

수국은 추위를 굉장히 싫어해요. 그래서 추운 겨울이면 줄기 윗부분이 죽어 버려요. 하지만 키우기가 쉽고 아름다워서 학교나 공원, 정원 등에 많이 심어요.

조금만 더

🌰 **산수국(범의귀과):** 우리나라 산에서 자라는 잎이 지는 작은키나무. 꽃차례 가장자리에는 크고 화려한 무성화가 듬성듬성 피고, 가운데에는 자잘한 유성화가 수북히 핀다.

뽕나무

뽕나무과, 누에가 좋아하는 나무

- 잎이 지는 큰키나무, 잎: 넓은 달걀 모양
- 꽃: 암수딴그루, 암수꽃 모두 연두색, 4~5월
- 열매: 검은 자주색, 달걀 모양, 6~7월

뽕나무 열매를 '오디'라고 해요. 검붉은 오디는 달콤하고 맛있어요. 오디를 한참 따 먹다 보면 입술이 까맣게 물들고 방귀가 뽕뽕 나와요. '방귀를 뽕뽕 뀌게 만드는 나무'의 이름을 가지게 된 것은 모두 소화가 잘되는 오디 때문이랍니다.

하지만 세상에 모든 뽕나무가 사라진다면 사람들은 오디보다 실크 때문에 더 슬퍼할지도 몰라요. 실크의 재료가 되는 실을 만드는 누에는 뽕나무 잎을 먹고 자라거든요.

누에는 누에나방의 애벌레로, 누에가 나방으로 변하려고 만든 고치가 실크의 재료이지요. 실크는 가볍고 빛깔이 고울 뿐 아니라 여름에는 시원하고, 겨울에는 따뜻해요. 누에의 먹이로 쓰는 뽕잎은 뽕나무를 심어 놓은 밭에서 가져와요. 밭에서 기르는 뽕나무들은 사람들이 잎을 따기 쉽게 일부러 가지를 잘라 키를 작게 만들었어요. 원래 뽕나무는 줄기 둘레만도 한두 아름이 넉넉하게 넘는 키가 아주 큰 나무랍니다.

뽕나무 잎은 같은 나무에 있는 잎이라도 서로 모양이 다른 경우가 많아요. 가장자리에 톱니가 있으며 아주 깊게 갈라진 것도 있고 갈라지지 않은 것도 있답니다.

뽕나무 꽃은 암꽃과 수꽃이 서로 다른 나무에서 피어나요. 4~5월이면 노란빛이 도는 초록빛 뽕나무 꽃을 볼 수 있어요. 뽕나무 암꽃은 넓은 달걀 모양으로 암술대가 거의 없고 암술머리가 2개로 갈라져 있어서 마치 동물의 발바닥 같아요. 수꽃은 꼬리 모양이에요. 뽕나무는 바람을 이용해서 꽃가루받이해요.

꽃: 수꽃 뭉치는 꼬리 모양으로 새 가지 아래쪽에 난 잎겨드랑이 밑으로 처진다. 암꽃은 5~10mm 정도로 암술대는 거의 없고 암술머리가 2개로 갈라진다.

잎: 넓은 달걀 모양으로 가장자리에 무딘 톱니가 있다.

열매: 검은빛이 도는 자주색으로 익는다.

줄기: 나무껍질은 잿빛 도는 갈색이며 어린 가지에 잔털이 난다.

수꽃

암꽃

잎

열매

줄기

뽕나무 열매는 6~7월 붉게 자라다가 검은 자주색으로 익어요. 태어나서 처음 뽕나무 열매를 보는 사람들은 아주 이상한 열매라고 생각해요. 너무 잘 익어서 검은빛이 도는 것도 이상하고, 작은 열매가 또록또록 붙어 있는 모습도 살짝 징그럽다고 해요. 하지만 두 눈을 질끈 감고 먹어 보면 새콤달콤하고 상큼한 맛에 반하게 되지요.

뽕나무와 비슷한 나무로 산뽕나무가 있어요. 뽕나무와 산뽕나무는 서로 구별하기가 힘들어요. 그래서 산에서 만나는 것은 산뽕나무, 집 주변이나 밭에서 만나는 것은 뽕나무라고 생각하면 된답니다.

 조금만 더

🌰 **뽕나무(뽕나무과):** 중국이 고향이고, 삼국시대 전부터 심고 가꿨다. 잎끝이 점점 뾰족해지며 잎 가장자리에 둔한 톱니가 있다.

🌰 **산뽕나무(뽕나무과):** 우리나라 산에서 자생하는 나무이다. 잎끝이 꼬리처럼 길며 잎 가장자리의 톱니 끝이 뾰족하다.

🌰 **가새뽕나무(뽕나무과):** 잎이 5갈래로 가위처럼 깊게 갈라진다.

산딸기

장미과, 여름 산행을 즐겁게 하는 나무

- 잎이 지는 작은키나무, 잎: 세모 모양

- 꽃: 암수한그루, 흰색, 5~8월

- 열매: 빨간색, 둥근 모양, 7~8월

무더운 여름 숲길을 걷다 보면 푸른 잎 사이사이로 새빨갛게 익은 예쁜 산딸기들을 만날 수 있어요. 산딸기는 우리나라 산과 들에서 흔히 볼 수 있지요. 특히 햇볕을 좋아하기 때문에 양지바른 곳이라면 어디서나 잘 자라요.

빨갛고 달콤한 산딸기는 보기만 해도 군침이 돌아요. 한 알 한 알 따 입에 넣으면 세상에서 가장 행복해져요. 딸기는 풀에서 열리지만, 산딸기는 나무에서 열린답니다.

산딸기를 딸 때는 조심해야 해요. 산딸기나무에는 따가운 작은 가시들이 많이 달렸거든요. 줄기뿐 아니라 잎자루와 꽃자루 심지어 잎맥에도 가시가 있답니다.

사람들은 산에서 자라는 딸기를 모두 산딸기라고 불러요. 사실 산딸기에는 여러 종류가 있어요. 산딸기, 줄딸기, 멍석딸기, 복분자딸기 등 다양해요. 산딸기들은 동그란 열매 여러 개가 모여 달리는 모습은 모두 같지만, 종류에 따라 꽃이 피는 시기와 잎과 꽃 모양이 서로 다르답니다.

줄딸기는 봄에 피고, 산딸기, 멍석딸기, 복분자딸기는 초여름에 꽃이 피어요. 산딸기 꽃은 흰색이라 쉽게 구별할 수 있지만 멍석딸기와 복분자딸기는 둘 다 분홍 꽃을 피워요. 복분자딸기는 휘어져 땅에 닿은 줄기가 그대로 뿌리를 내리는 경우가 많고, 줄기에 흰 가루가 덮여 있어서 쉽게 구별할 수 있어요.

멍석딸기와 복분자딸기는 꽃잎이 꽃받침보다 짧아서 자세히 살펴봐야만 꽃이 핀 정도를 알 수 있어요. 멍석딸기와 복분자딸기 꽃은 생김새도 특이해요. 5장의 꽃잎이 수술과 암술을 꼭 싸매고 있지요. 꽃잎 위로는 암술

관찰해 볼까요?

잎: 홑잎이며 보통 세모 모양으로 가장자리가 3~5개 깊게 갈라져 있다. 잎자루에 갈퀴 같은 가시가 있다.

꽃: 꽃잎 5장이 가지 끝에 하얗게 핀다.

열매: 둥근 알갱이 모양의 열매가 여러 개 모인 공 모양으로 빨갛게 익는다.

줄기: 붉은빛 도는 갈색으로 갈퀴 같은 가시가 많이 나 있다.

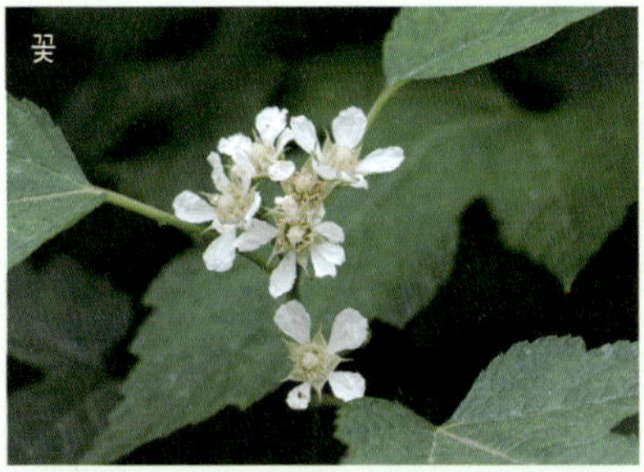
꽃

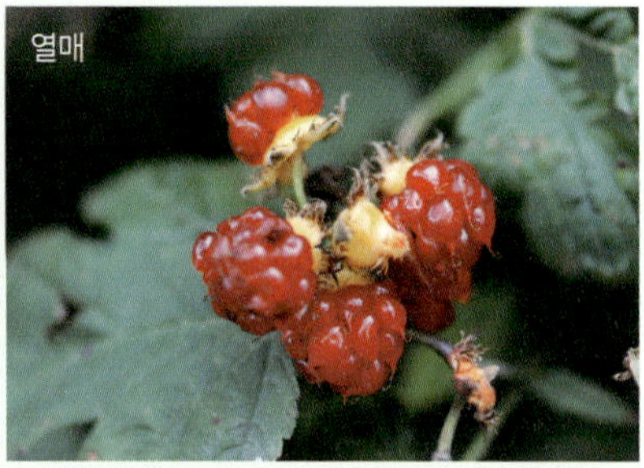
열매

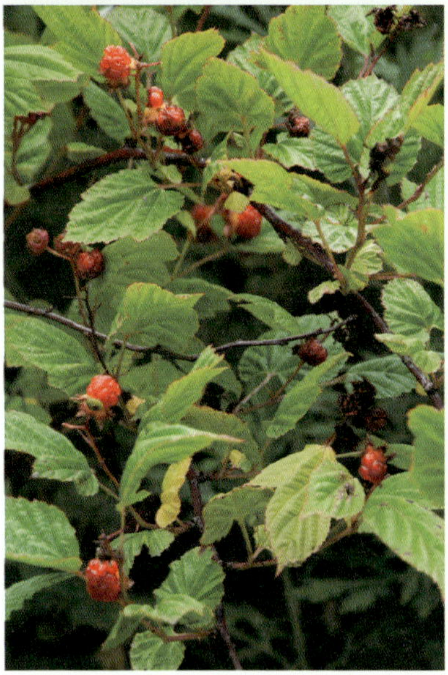

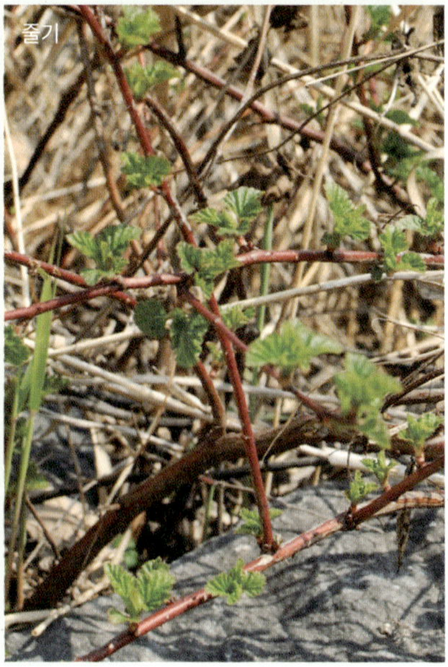
줄기

머리만 보여요. 암술의 꽃가루받이가 끝나면 꽃잎 속에 숨어 있던 수술이 크게 자라 꽃잎 위로 올라와 꽃밥을 터뜨려요. 꽃잎이 곤충을 불러들일 뿐 아니라 꽃가루받이를 잘할 수 있게 돕는 역할도 해요.

조금만 더

🌰 **산딸기(장미과):** 초여름에 하얀 꽃이 핀다. 잎은 홑잎이며 넓은 달걀 모양으로 가장자리가 3~5개로 깊게 갈라진다.

🌰 **줄딸기(장미과):** 봄에 분홍색 꽃이 핀다. 작은 잎 5~9장의 깃꼴겹잎으로 달린다.

🌰 **멍석딸기(장미과):** 초여름 분홍색 꽃잎이 위를 향하고 꽃잎이 꽃받침보다 짧다. 작은 잎이 3~5장으로 된 깃꼴겹잎으로 달린다. 작은 잎 가장자리가 대개 3개로 갈라지며, 잎 뒷면에 털이 하얗게 난다.

🌰 **복분자딸기(장미과):** 꽃은 초여름 분홍색으로 피고 꽃잎이 꽃받침보디 짧다. 작은 잎이 5~7장 깃꼴겹잎으로 달린다. 줄기는 붉은 갈색인데 흰 가루로 덮여 있다.

이팝나무

물푸레나무과, 흰 꽃으로 여름의 시작을 알리는 나무

- 잎이 지는 큰키나무, 잎: 달걀 모양

- 꽃: 암수딴그루, 흰색, 5~6월

- 열매: 보랏빛 도는 검정색, 달걀 모양, 9~10월

초록 잎 위로 하얀 꽃이 소복이 핀 모습이 마치 나무 위에 눈이 온 것 같아요. 그래서 영어로 이팝나무를 '눈꽃(Snow flower)'이라고 불러요. 또 가늘고 깊게 갈라진 하얀 꽃잎이 바람에 흔들리는 모습이 마치 목도리 끝이나 방석 끝에 장식 삼아 늘어뜨린 술 같다고 해서 '술 나무(Fringe tree)'라고도 해요. 이팝나무 꽃이 우수수 떨어져 내리는 모습은 그야말로 엄청난 풍경이랍니다.

이팝나무 꽃이 새하얗게 피기 시작하면 이제 여름이 시작된 거예요. 이팝나무는 암꽃과 수꽃이 서로 다른 나무에서 피어요. 이팝나무 꽃은 밑이 붙어 있는 통꽃으로 위쪽이 네 갈래로 가늘고 깊게 갈라져 있어요. 그래서 멀리서 보면 마치 김이 모락모락 나는 것처럼 보여요. 암꽃과 수꽃의 꽃잎 밑에는 각각 아주 작은 암술과 수술이 바짝 붙어 있어요. 왜 이팝나무는 암술과 수술이 작을까요? 이팝나무는 꽃잎이 아주 깊게 갈라져 있어 암술과 수술을 키우지 않아도 쉽게 곤충들이 접근할 수 있기 때문이에요.

우리 조상은 이팝나무 꽃이 필 무렵이면 큰 이팝나무 아래에서 한 해의 농사가 풍년이 들도록 기도도 드리고 또 그해의 풍년을 점치기도 했어요. 새하얀 꽃이 나무를 온통 뒤덮으면 풍년이 들고, 드문드문 적게 피면 흉년이 든다고 생각했어요. 이팝나무를 보고 점을 치는 것은 사실 아주 과학적인 행동이랍니다. 이팝나무가 꽃을 피우는 시기는 모내기철이에요. 날이 가물면 이팝나무 꽃이 제대로 피지 못하고, 물이 충분하면 이팝나무 꽃이 활짝 피어요. 그런데 모내기를 할 때 가물면 벼가 잘 자라지 못해 흉년이 들지요.

이처럼 이팝나무는 농민들이 풍년을 점치는 나무로 삼아 왔기 때문에

잎: 달걀 모양으로 가장자리가 밋밋하다.

열매: 달걀 모양이며, 보랏빛 나는 검은색으로 익는다.

꽃: 하얗게 핀다. 통꽃으로 꽃잎이 깊게 4갈래로 갈라져 있다.

줄기: 회갈색으로 어린 나무는 나무껍질이 얇게 벗겨지지만 크면 세로로 깊게 골이 진다.

보호가 잘 되어 '늙고 큰 나무'를 뜻하는 노거수(老巨樹)들이 많아요. 남쪽 지방에는 오랫동안 크게 자란 이팝나무가 많아 천연기념물로 지정되어 보호되는 곳들도 있어요. 그중에서 전남 승주와 경남 양산 등이 유명해요.

우리 조상은 아름다운 이팝나무 꽃을 보고 하얀 쌀밥을 생각했어요. 옛날에는 먹을 것이 부족해서 먹을거리 이름이 붙은 나무가 많았지요. 팥꽃나무는 꽃이 피어날 때의 빛깔이 붉은 팥과 닮아서, 박태기나무는 가지에 다닥다닥 붙은 꽃이 밥알을 닮아서 붙은 이름이지요. 사투리로 '밥알'을 '밥티기'라고 해요. 이팝나무의 '이밥'은 입쌀로 지은 밥, 곧 '쌀밥'이라는 뜻이에요. '이밥나무'라고 부른 것이 자연스럽게 '이팝나무'가 된 것이에요. 이팝나무는 지금도 꽃이 아름답고 향기로우며 또 오래도록 피어 가로수나 정원수로 많이 심고 있답니다.

 조금만 더

🌰 **박태기나무(콩과):** 밥알 모양 진분홍 꽃이 핀다. 꽃잎에 독이 있어 함부로 따 먹으면 큰일이 난다. 다른 콩과 식물은 대개 두 개 이상의 겹잎을 가졌지만, 박태기나무는 하트 모양의 홑잎을 가지고 있다.

🌰 **팥꽃나무(팥꽃나무과):** 자줏빛 도는 보라색 꽃이 가지에 다닥다닥 핀다.

오동나무

현삼과, 우리나라에서 잎이 가장 큰 나무

· 잎이 지는 큰키나무, 잎: 하트 모양

· 꽃: 암수한그루, 보라색, 5~6월

· 열매: 갈색, 둥근 모양, 10월

오동나무는 우리나라에서 자라는 나무 가운데 가장 큰 잎을 가진 나무예요. 잎으로 사람의 얼굴을 가릴 수 있고, 비 오는 날에는 우산 대신 쓸 수 있어요. 그래서 외국에서 들어온 나무라고 생각하는 사람도 많아요. 우리나라에서만 저절로 자라는 나무인데 말이에요.

오동나무의 커다란 잎은 보기에 좋을 뿐 아니라 공기 중에 있는 이산화황을 빨아들여서 공기를 깨끗하게 해 줘요. 또한 다른 나무보다 많은 양의 햇빛을 한꺼번에 받아서 빨리 자라요.

보통 다른 나무들은 40~50년 정도 자라야 목재로 사용할 수 있어요. 그런데 오동나무는 심은 지 15년만 지나면 아주 튼튼한 목재를 얻을 수 있지요. 그래서 옛날에는 딸을 낳으면 뜰에 오동나무를 심었대요. 딸이 시집을 갈 때 다 자란 오동나무를 베어 옷장을 만들어 보내려고 말이에요.

오동나무는 물오름이 좋고 잎이 넓어서 마당 한편에 심어 놓으면 푸른 잎과 시원한 그늘을 함께 즐길 수 있어요. 가을이면 오동나무가 커다란 잎을 뚝뚝 떨어뜨려요. 옛날 사람들은 큰 오동잎이 뚝뚝 떨어지는 소리를 듣고 가을이 오는 것을 알았다고 해요. 소리로 느끼는 가을, 멋지지 않나요?

오동나무 잎에는 벌레를 죽이는 힘이 있대요. 그래서 옛날에는 화장실 안에 오동잎을 몇 장 넣었어요. 그러면 구더기가 생기지 않고 고약한 냄새도 줄어든대요.

오동나무는 잎이 시원하게 잘생겼을 뿐 아니라 꽃도 아름다워요. 초여름이 되면 연한 보라색의 통꽃이 원뿔 모양으로 차곡차곡 피어나지요. 나무 가득 보랏빛 꽃이 피어나면 마치 초롱불로 불을 밝힌 듯해요. 꽃이 지고 맺

관찰해 볼까요?

잎: 하트 모양의 넓은 잎으로 잎 가장자리에 톱니가 없고 잎자루가 아주 길다.

열매: 3cm 정도의 거의 둥근 모양으로 끝이 뾰족하다.

꽃: 연보라색 통 모양이며, 입구는 노란색으로 끝이 5갈래로 갈라져 있다.

줄기: 짙은 흑갈색으로 세로로 골이 진다.

잎

꽃

열매

줄기

히는 씨앗은 10월이면 갈색 빛으로 익지요. 오동나무는 열매가 두 쪽으로 갈라지는 힘을 이용해 안에 든 씨앗을 멀리 날려 보내요. 빈 열매가 주렁주렁 달린 모습은 마치 나무 가득 방울이 열린 것 같아요. 그래서 어디선가 방울 소리가 딸랑딸랑 들리는 듯해요.

오동나무는 부드럽고 탄력이 있으며 가볍고, 습기를 적게 빨아들여 잘 썩지 않아요. 게다가 불에도 잘 타지 않고, 마찰에도 잘 견뎌요. 그래서 장롱, 문갑, 함, 책상 등 생활에 필요한 가구를 만드는 데 오동나무를 써요. 옛날부터 가볍고 울림이 좋은 오동나무로 거문고나 가야금 같은 악기를 만들었지요. 요즘에는 공해에 강하고 잘생긴 덕분에 여기저기 많이 심고 있어요. 우리가 흔히 보는 오동나무는 대부분 참오동나무랍니다.

 **조금만 더**

🌰 **오동나무(현삼과):** 참오동나무보다 잎 뒷면에 나는 털이 검은 갈색이고 꽃에 자줏빛 점선이 없다.

🌰 **참오동나무(현삼과):** 잎 뒷면이 흰색 또는 연한 갈색이고 꽃 안쪽에 자줏빛 점선이 있다.

메타세쿼이아

낙우송과, 공룡과 함께 산 나무

- 잎이 지는 큰키나무, 잎: 바늘잎 여러 장으로 된 깃꼴겹잎
- 꽃: 암수한그루, 암꽃차례는 타원 모양,
  수꽃차례는 갈색으로 처진 원뿔 모양, 3~4월
- 열매: 갈색, 둥근 모양, 10월

메타세쿼이아는 아주 먼 옛날 공룡이 살던 시기에 살던 식물이에요. 이때 살던 생물은 대부분 화석으로만 볼 수 있어요. 그래서 메타세쿼이아 같은 식물을 '화석식물'이라고 해요.

메타세쿼이아는 1945년 중국 쓰촨성 부근 마도 계곡 오지에서 처음 발견됐어요. 미국의 아널드 수목원과 일본 정부의 노력이 없었다면 메타세쿼이아를 볼 수 없었을지도 몰라요.

메타세쿼이아도 다른 깃꼴겹잎 식물처럼 잎이 아주 늦게 나와요. 더 적은 시간으로 더 많은 영양분을 만들 수 있으니 굳이 잎을 일찍 달지 않아도 되기 때문이지요. 한 잎자루에 달린 여러 개의 잎을 움직여 햇빛을 효과적으로 이용할 수 있답니다.

메타세쿼이아 꽃은 아주 이른 봄에 피어요. 한 나무에서 수꽃과 암꽃이 함께 피지만, 생김새가 전혀 다르지요. 수꽃송이는 원뿔 모양으로 길게 늘어져 갈색으로 피고 암꽃은 타원 모양이에요. 가을이 되면 작은 솔방울 모양으로 열매가 열려요. 열매가 단단하고 부서지지 않고 생김새가 재미있어서 목걸이나 팔찌의 재료가 되지요.

메타세쿼이아 나무는 밑부분이 넓고 위로 점점 올라갈수록 아주 좁아져 목재로는 좀 쓸모가 없어요. 하지만 나무 모양이 길쭉하고 멋진 삼각형이라 가로수로는 더없이 좋아요. 아파트 정원, 공원, 학교 등에서도 자주 만날 수 있지요. 담양에서 원율삼거리를 잇는 메타세쿼이아 길은 우리나라에서 멋진 가로수 길로 손꼽힌답니다.

메타세쿼이아와 낙우송은 생김새가 비슷해서 착각하기 쉬워요. 지금 보

잎: 잎은 깃털 모양으로 작은 잎은 마주난다.

줄기: 줄기가 위로 갈수록 가늘어진다. 나무껍질은 붉은 갈색이며 길게 벗겨진다.

꽃: 수꽃은 원뿔 모양으로 길게 늘어져 갈색으로 핀다. 암꽃은 둥글다.

열매: 열매가 둥글다.

잎

수꽃 · 암꽃

줄기

열매

고 있는 나무의 이름이 알고 싶다면 고민하지 말고, 잎을 살펴보세요. 낙우송은 잎이 어긋나 있고, 메타세쿼이아는 마주나 있어요. 낙우송은 습지나 물가에서 잘 자라요. 그래서 낙우송 주변을 잘 살펴보면 사람 무릎 모양의 혹이 툭툭 땅 위로 튀어 올라온 것을 볼 수 있지요. 이 혹을 '공기뿌리' 또는 '기근(氣根)'이라고 불러요. 서양 사람들은 '무릎뿌리'라고 해요. 낙우송은 공기뿌리로도 숨을 쉬기 때문에 물속에서도 잘 자랄 수 있지요.

　낙우송(落羽松)은 늦은 가을이면 잎이 주황빛 나는 갈색으로 물들고 가지와 함께 떨어져요. '깃털이 떨어지는 소나무'라는 뜻의 한자 이름이 그래서 붙었어요. 하지만 모든 가지가 잎과 함께 떨어지는 것은 아니랍니다. 다음해 잎이 될 겨울눈이 있는 가지는 절대로 떨어지지 않아요.

 조금만 더

🌰 **메타세쿼이아(낙우송과):** 깃꼴겹잎이 마주나며 나무 모양이 긴 세모 모양이다.

🌰 **낙우송(낙우송과):** 깃꼴겹잎으로 어긋나며 나무 모양은 약간 둥근 세모 모양이다.

으름덩굴

으름덩굴과, 산에서 만나는 우리 바나나 나무

· 잎이 지는 덩굴나무, 잎: 손꼴겹잎

· 꽃: 암수한그루, 암수꽃 모두 보라색, 4~5월

· 열매: 갈색, 긴 타원 모양, 10월

산속이나 산 가장자리에서 으름덩굴을 볼 수 있어요. 다른 나무를 감고 올라가는 으름덩굴은 짧은 바나나 모양의 열매가 열려서 '한국 바나나'라고도 불러요. 가을이 돼서 열매가 익으면 껍질이 갈라져 크림색의 부드러운 속살이 드러나요. 으름덩굴 열매는 부드럽고 달콤해서 좋은 간식거리랍니다. 하지만 으름덩굴 열매 속에 들어 있는 까만 씨는 맛이 굉장히 쓰고 고약해요.

으름덩굴 열매의 씨는 혀끝에 전해지는 느낌이 얼음처럼 차가워요. 그래서 '얼음과일'이라고 부르던 것이 굳어져 '으름'이라는 이름을 얻게 되었대요. 요즘 우리가 즐겨 먹는 과일들은 모두 야생에서 자라던 과일을 새롭게 변신시켜 얻어 낸 것들이에요. 으름도 씨의 양을 줄이고 조금 더 달게 만든다면 더욱 멋지지 않을까요?

으름덩굴은 잎자루 하나에 반질반질한 작은 잎이 5장 돌아가며 나요. 생김새가 마치 어여쁜 아기 손바닥 같아요. 으름덩굴 같은 잎을 손꼴겹잎이라 불러요. 손꼴겹잎이 줄기에 어긋나기로 달린 채 다른 나무와 어우러진 모습은 정말 아름답지요.

4월 말경이면 보라색 꽃이 잎겨드랑이에서 피어요. 으름덩굴은 한 나무에서 암꽃과 수꽃이 함께 피지요. 어떤 꽃이 암꽃인지 찾아보세요. 암꽃은 수꽃보다 크고 암술이 6개로 되어 있어요. 원통 모양의 암술이 익으면 암술머리가 축축해져요. 손가락을 대면 금방 달라붙을 정도예요. 곤충으로부터 꽃가루받이 하나는 확실하게 할 수 있겠지요?

꽃가루받이가 끝나면 작은 소시지 모양의 초록빛 열매가 여러 개 달려

잎: 작은 잎이 5장인 손꼴겹잎, 잎은 둥글고 가장자리가 밋밋하다.

열매: 긴 달걀 모양으로 갈색으로 익는다.

꽃: 꽃잎이 없고 꽃받침 잎 3장이 마치 꽃잎처럼 보인다. 암꽃은 수꽃보다 크고 암술이 6개로 되어 있다.

줄기: 회색빛으로 나무껍질이 얇게 갈라지고 공기가 드나드는 부분이 발달했다.

잎

암꽃(좌)　　　　수꽃(우)

열매

줄기

요. 가을이 돼서 열매가 익으면 껍질이 열리고 하얀 과육이 드러나요. 하얀 과육 속에는 검은 씨앗이 총총히 박혀 있어요. 새들은 으름덩굴 열매를 좋아해요. 으름을 먹은 새는 멀리 날아가 씨앗을 다른 곳에 퍼뜨려 준답니다.

으름덩굴은 땅을 가리지 않고 어느 곳에서나 잘 자라며 추위에도 강하고 빨리 자라요. 또한 잎과 꽃이 예쁘고 향기롭지요. 집에서 키우기에도 썩 괜찮아서 마당 모퉁이 아치 모양의 기둥이나 현관문 등에 심으면 좋아요.

으름덩굴은 열매뿐 아니라 꽃과 잎도 먹을 수 있어요. 덩굴줄기로는 바구니를 짜고, 갈색 물감을 만들지요. 뿌리와 줄기 껍질은 약으로 쓰고 씨앗으로는 기름을 짜요.

 조금만 더

🌰 멀꿀(으름덩굴과): 우리나라 남쪽 지방에서 자라는 늘푸른 덩굴나무이다. 으름덩굴 잎과 비슷하나 잎은 5~7장으로 두껍고 반들반들 윤이 나며 잎끝이 뾰족하다.
꽃은 황백색으로 피고 열매는 타원형으로 붉게 익고 벌어지지 않는다. 요즘 날씨가 따뜻해져 중부지방에서도 많이 심고 있다.

칠엽수

칠엽수과, 말이 좋아하는 열매가 열리는 7개 잎을 가진 나무

- 잎이 지는 큰키나무, 잎: 손꼴겹잎

- 꽃: 암수한그루, 아이보리색, 5~6월

- 열매: 갈색, 둥근 모양, 10월

칠엽수라는 이름을 들어 본 적 있나요? 혹시 마로니에는 알고 있나요? 마로니에는 유럽의 거리나 공원 어디서나 쉽게 만날 수 있는 나무예요. 입과 꽃이 아름다울 뿐 아니라 가로수로도 많이 쓰여요. 그래서 세계적인 화가들의 그림에서도 마로니에를 볼 수 있어요. 마로니에는 유럽이 고향인 '유럽 칠엽수'랍니다. 하지만 이 유럽 칠엽수는 '열매에 가시 같은 돌기가 있는 칠엽수'라는 뜻에서 '가시칠엽수'라고 불러야 해요.

우리가 흔히 보는 칠엽수는 '일본 칠엽수'로 원산지가 일본이에요. 칠엽수라는 이름보다 마로니에로 부르고 싶다면, '일본 마로니에'라고 부르면 되겠지요?

칠엽수는 커다랗고 잘생긴 '잎 7장이 달리는 나무'라는 뜻에서 붙여진 이름이에요. 칠엽수 잎은 정확히 7장이 아니라 대충 5~8장 정도가 뭉쳐서 둥그렇게 달려요. 제일 가운데에 있는 잎이 가장 크고 옆으로 갈수록 크기가 작아지지요. 손 모양으로 넓게 펼쳐진 칠엽수 잎은 여름에는 멋진 그늘을 선물해 주고, 가을이 되면 넓적한 칠엽수 잎이 황금빛으로 아름답게 물들지요.

곱게 물든 칠엽수 잎도 아름답지만, 아름답기로는 꽃이 더 유명해요. 초여름에 피는 칠엽수 꽃은 아이스크림콘처럼 생겼어요. 칠엽수 꽃잎은 4장으로 마치 나비처럼 보여요. 주황색 꽃밥이 화려함을 더하지요. 아이보리색 꽃잎 밑에 있는 노란색 무늬는 칠엽수 꽃에 찾아온 벌에게 꿀이 있는 곳을 알리는 표시판이에요. 꽃가루받이가 끝나면 꽃잎에 있는 노랑 무늬가 붉게 변해요. 노란 무늬와 붉은 무늬가 섞여 더욱 화려하고 아름답지요. 칠엽수

잎: 5~7개의 작은 잎이 긴 잎자루에 둥글게 달린다.

꽃: 아이보리색의 작은 꽃들이 원뿔 모양으로 달린다. 꽃잎 밑에 있는 노란 점무늬는 꽃가루받이가 끝나면 붉게 변한다.

열매: 열매껍질이 3쪽으로 갈라지고 안에 윤기 나는 밤 모양의 씨앗이 들어 있다.

줄기: 잿빛 나는 갈색으로 어릴 때는 매끄럽지만 나중에 골이 패이고 조각조각 떨어진다.

잎

잎

꽃

열매

는 꽃을 한꺼번에 다 피우지 않아요. 꽃차례 아래쪽에서부터 피기 시작해서 꽃차례 위쪽으로 올라가며 피워요. 꽃 피는 기간이 길면 곤충이 오랫동안 찾아오고 꽃가루받이도 더욱 잘할 수 있기 때문이지요. 칠엽수 꽃은 생김새가 아름다울 뿐 아니라 꿀이 많아요. 그래서 꽃이 피기 무섭게 찾아오는 벌들로 정신없이 바빠요. 그래서 가을이면 가지마다 열매를 가득 매달고 있답니다.

　칠엽수 열매가 익으면 갈라진 틈새로 밤알보다 더 크고 더 반들반들 광택이 나는 칠엽수 씨앗을 볼 수 있어요. 칠엽수 씨앗은 말이 특히 좋아해서 '말밤(horse chestnut)'이라고 불러요. 말밤은 먹음직스러워 보이지만 잘못 먹었다가는 크게 고생할 수 있어요. 맛이 너무너무 떫고 아려서 속이 아플 뿐 아니라 심지어 위병이 나기도 하거든요. 그래서 칠엽수의 고향인 일본에서는 떫은맛을 다 우려내고 난 뒤에 떡을 만들 때 사용해요.

조금만 더

🌰 **칠엽수(칠엽수과):** 잎 뒷면에 적갈색의 털이 있고, 열매껍질에 가시 같은 돌기가 없다.

🌰 **유럽칠엽수(칠엽수과):** 잎 뒷면에 거의 털이 없고, 열매껍질에 가시 같은 돌기가 있다. 가시칠엽수라고도 부른다.

가을을 물들이는 나무

은행나무

은행나무과, 살아 있는 화석이라고 부르는 나무

· 잎이 지는 큰키나무, 잎: 부채 모양

· 꽃: 암수딴그루, 암꽃은 작은 방망이 모양,
　　수꽃차례는 꼬리 모양, 4~5월

· 열매: 노란색, 둥근 모양, 9~10월

은행나무는 고생대에 나타나 쥐라기에 가장 많이 가장 널리 퍼졌어요. 고생대는 지금으로부터 약 5억 7천만 년 전부터 2억 4천만 년 전을 말하고, 쥐라기는 약 1억 8천 년 전부터 1억 3천 5백 년 전까지를 말해요. 정말 어마어마하게 오래된 옛날이야기지요? 지구가 갑자기 추워지면서 은행나무와 같은 시기에 살았던 다른 나무들은 대부분 사라졌어요. 그래서 은행나무를 '살아 있는 화석식물'이라고 해요.

가을에 열리는 은행나무 열매는 살구나무 열매와 닮았지만 씨앗이 반짝반짝한 은처럼 흰 빛이 나요. 그래서 '은빛 나는 살구'라는 뜻에서 은을 뜻하는 글자 '은(銀)'과 살구를 뜻하는 글자 '행(杏)'을 더해 은행이라는 이름을 붙였어요.

사람들은 은행나무 잎의 생김새만 보고 은행나무를 '넓은잎나무'라고 생각해요. 하지만 은행나무는 넓은잎나무가 아니라 바늘잎나무랍니다. 지금으로부터 아주 먼 옛날 은행나무 잎은 원래 바늘잎 모양으로 가닥가닥 잘게 갈라져 있었어요. 추위가 끝없이 반복되는 빙하기를 견디어 내기 위해 은행나무는 환경의 변화에 맞게 모습이 변했어요. 잎뿐 아니라 씨앗도 환경에 맞춰서 바뀌었어요. 원래 은행나무는 씨앗이 될 밑씨가 그대로 밖에 드러나 있는 겉씨식물이에요. 겉씨식물은 원래 씨의 겉을 감싸는 말랑말랑한 과육을 만들 수 없어요. 그런데 놀랍게도 은행나무는 살구처럼 보이는 과육이 있어요. 좀 더 싹을 잘 틔우기 위한 노력이 준 선물이지요.

은행잎에는 피가 빨리 돌도록 도와주고, 혈관을 크게 해 주며 균을 막아 주는 성분이 많이 들어 있어요. 그래서 은행잎은 '나무에 있으면 임산물, 땅

잎: 잎이 부채 모양으로 큰 잎맥이 없으며 작은 가지에 어긋나기로 모여난다.

열매: 동그란 씨앗은 은빛이 나지만 씨앗을 둘러싸고 있는 열매껍질은 주황색으로 살과 즙이 많고 고약한 냄새가 난다.

꽃: 수꽃은 연둣빛 나는 꼬리 모양이고, 암꽃은 긴 꽃자루에 둥근 밑씨가 마주 붙고 꽃잎이 없다. 작은 가지에 6~7송이의 꽃이 모여 달린다.

줄기: 나무껍질이 잿빛 도는 갈색으로 깊게 골이 진다.

잎

줄기

암꽃

수꽃

열매

에 떨어지면 의약품'이라고 말하기도 한답니다.

은행나무는 암나무와 수나무가 따로 있어요. 옆에 있는 수나무가 꽃가루를 날려 보내야만 열매를 맺을 수 있지요. 은행나무 꽃은 4~5월에 피며 짧은 가지 위에 어린잎과 함께 달려요. 은행나무 꽃가루는 꼬리처럼 생긴 편모를 달고 있어서 스스로 이동할 수 있어요. 스스로 움직일 수 있는 꽃가루를 정충이라고 불러요. 정충은 원시식물이 가지고 있는 특징이지요.

은행나무 열매껍질은 구린내 같은 몹시 고약한 냄새가 나요. 게다가 살에 닿으면 피부병이 생겨요. 하지만 씨앗인 은행은 고급 요리에 사용되고, 기관지에 좋아 약으로 쓰기도 해요. 커다란 은행나무는 마을 사람들이 모이는 정자를 대신해요. 다듬어 주지 않아도 멋지게 잘 자라고 벌레 걱정도 없어요. 또한 나무껍질은 열에 강해서 잘 타지 않아요. 무엇보다 아황산가스를 깨끗하게 바꿔 주는 능력이 뛰어나요. 요즘같이 대기 오염이 심각한 때는 은행나무가 차가 많이 오가는 길가 가로수로 최고랍니다. 가을에 길 위에 떨어진 노란 단풍은 마치 노란 카펫을 깔아 놓은 듯해요.

 **조금만 더**

🌰 종유은행(은행나무과): 은행나무 가운데 줄기와 가까운 가지에 젖 모양 같은 혹이 달려 있는 나무를 종유은행이라고 한다. 비가 많이 오는 지역의 오래된 굵은 가지에서 많이 볼 수 있다.

다래

다래나무과, 가장 달콤한 열매가 열리는 나무

- 잎이 지는 덩굴나무, 잎: 넓은 달걀 모양
- 꽃: 암수딴그루, 암수꽃 모두 흰색, 5월
- 열매: 갈색, 둥근 모양, 10월

다래는 산에서 나는 모든 열매 가운데 가장 달다고 해서 이름도 다래예요. 다래는 햇빛을 잘 받기 위해 다른 나무를 타고 올라가는 덩굴식물이지요. 다래는 암나무와 수나무가 따로 있어요. 암나무와 수나무는 꽃 모양만 다르고 생김새가 모두 똑같아요. 꽃잎은 5장으로 암꽃과 수꽃이 모두 하얗게 피지요. 암술머리가 여러 갈래로 갈라져 꽃병처럼 보이는 특이한 모습이에요. 암술머리의 면적을 넓혀 더 많은 꽃가루를 잘 받기 위한 전략이지요.

다래 열매는 대추랑 비슷해요. 잘 익은 다래 열매는 겉껍질이 갈색이고, 속은 녹색이지요. 녹색 과육 속에는 자주색 씨앗이 박혀 있답니다.

다래는 누구나 잘 아는 과일이에요. '초록 과육에 작은 씨' 하면 키위가 떠오르지요. 키위는 서양에서 들여온 다래예요. 뉴질랜드에서 중국의 참다래를 가져다가 새로운 품종으로 키웠어요. 그래서 키위를 '서양 다래'라는 뜻에서 '양다래'라고 부르기도 해요.

다래는 고로쇠나무나 자작나무처럼 줄기에서 물이 많이 나와요. 옛날에는 산에서 목이 마르면 다래의 줄기를 잘라 줄기 안에 든 물을 마셨답니다. 다래 물은 여기저기가 쿡쿡 쑤시는 신경통에 좋다고 해요.

산에 가면 다래와 비슷한 개다래와 쥐다래를 볼 수 있어요. 개다래는 나뭇잎 가운데 몇 개가 초록색에서 점점 흰색으로 변하지요. 그래서 종종 병이 든 것으로 착각하고 깜짝 놀라는 사람들도 있답니다.

개다래 나뭇잎의 변신은 좀 더 많은 벌과 나비를 부르기 위한 특별한 신호이지요. 개다래는 꽃이 필 무렵 잎이 아주 무성해서 벌과 나비들이 꽃이 핀 줄 모르고 지나치기 쉬워요. 그래서 꽃이 피는 철에는 잎을 하얗게 바꿔

잎: 넓은 달걀 모양으로 가장자리에 잔 톱니가 있다. 잎의 앞쪽이 반들반들 윤기가 난다.

꽃: 암꽃과 수꽃이 딴 그루에 피며, 흰 꽃잎이 5장이다.

줄기: 붉은 갈색으로 흰빛이 난다. 나무껍질이 길게 벗겨지기도 한다.

열매: 대추 크기 정도에 익으면 겉이 갈색으로 변한다.

잎

줄기

수꽃

암꽃

열매

열매(속)

서 마치 꽃잎처럼 보이게 해요. 하얗게 변했던 잎들은 꽃가루받이가 끝나면 서서히 원래의 초록빛으로 돌아가요. 이름에 '개'자가 더 붙은 식물은 대개 원래 식물보다 뭔가 부족하거나 독이 있는 경우가 많아요. 개다래는 열매를 먹을 수 없어요.

쥐다래는 개다래처럼 잎의 색이 변하지만, 열매로 장아찌를 담가 하루에 2개씩 먹으면 힘도 세지고 또 젊어진대요.

 **조금만 더**

🌰 **다래(다래나무과):** 잎 표면에 윤이 나며 초록색이다. 열매는 원기둥 모양이나 둥근 모양이다.

🌰 **개다래(다래나무과):** 잎 표면의 일부 또는 전체가 흰색으로 변한 잎이 섞여 있다. 열매는 달걀 모양의 타원형이며 끝이 뾰족하다.

🌰 **쥐다래(다래나무과):** 잎 표면이 연한 분홍색 또는 흰색으로 변하는 것이 많다. 열매는 긴 달걀 모양이나 타원 모양이다.

싸리

콩과, 초가집을 지켜 주던 가을 꽃나무

· 잎이 지는 작은키나무, 잎: 작은 잎 3장으로 된 겹잎

· 꽃: 암수한그루, 진분홍색, 7~9월

· 열매: 갈색, 넓은 달걀 모양, 10월

우리나라 속담에 '도둑맞고 사립문 고친다.'라는 말이 있어요. '사립문'은 나뭇가지를 엮어서 만든 문짝을 단 문을 말해요. 사립문을 만들 때 싸리나무 줄기가 많이 쓰여요. 그래서 '싸리'라는 이름이 붙게 됐지요.

싸리는 가을이면 잎이 지는 키가 작은 나무예요. 싸리 잎은 어긋나기로 달리는데 2.5~5cm 가량 되는 긴 잎자루에 작은 잎이 3장씩 모여나지요. 작은 잎의 모양은 넓은 달걀 모양으로 잎끝이 오목하게 들어가 있거나 둥글어요.

싸리 꽃은 꽃대가 길어요. 나비 모양의 진분홍 꽃송이가 가지마다 가득 피지요. 싸리 꽃은 늦여름에 피기 시작하여 가을 내내 볼 수 있어요. 그래서 싸리 꽃을 가을을 대표하는 꽃이라고 하지요.

다른 식물들이 열매를 맺느라 바쁠 때 싸리나무는 꽃을 피워요. 그래서 특히 꿀을 모으는 벌들이 좋아해요. 싸리 열매는 작은 달걀 모양으로 끝이 뾰족한 꼬투리예요. '꼬투리'라는 말을 듣고 이미 눈치챘겠지만, 싸리는 콩과 식물이에요. 그래서 싸리를 심으면 어떤 땅이든 영양분이 풍부한 좋은 땅이 되지요. 좋은 땅을 만들어 주는 싸리의 특성 때문인지 땅 이름이나 마을 이름에 '싸리골', '싸리재' 등 '싸리'라는 말이 들어간 곳이 많아요.

싸리는 양지바른 곳이면 어디서나 잘 자라고 쓰임새가 많아요. 봄철에 나는 새순은 삶아서 무치면 맛있는 나물이 되고, 잎은 동물의 사료로 사용되지요. 가느다란 줄기로는 다양한 물건을 만들 수 있어요. 싸리로 만들 수 있는 물건은 쟁반처럼 둥근 채반, 마당을 쓸 때 사용하는 싸리비, 물건을 담아 나르는 소쿠리와 삼태기 등 헤아릴 수 없을 정도로 많아요. 싸리는 줄기

잎: 긴 잎자루에 작은 잎 3장으로 된 겹잎이다. 작은 잎은 넓은 달걀 모양으로 끝이 오목하게 들어가 있거나 둥글다.

꽃: 진분홍 나비 모양의 꽃이 긴 꽃줄기에 여러 송이가 매달린다.

열매: 꼬투리는 넓은 달걀 모양으로 끝이 부리처럼 길고 길이는 7~8mm이다.

줄기: 짙은 갈색으로 세로로 줄이 나 있다.

잎

꽃

꽃

열매

에 물기가 적어서 불이 잘 붙고 연기 없이 잘 타요. 또한 싸리나무 가지에는 독이 없어서 맞은 자리가 금방 회복돼요. 그래서 말썽 핀 아이 종아리를 때리는 회초리로 싸리나무를 쓰기도 했어요.

싸리는 종류가 다양해요. 참싸리, 조록싸리, 꽃싸리, 흰싸리 등 20여 종류나 되지요. 싸리는 잎이 대개 넓은 달걀 모양으로 꽃대의 길이가 길어요. 참싸리는 잎이 대개 동그랗고, 잎끝이 오목하게 들어간 것이 많고 꽃대의 길이가 짧아요. 조록싸리는 잎끝이 뾰족하지요.

🐌 조금만 더

🌰 **싸리(콩과):** 잎은 대개 넓은 달걀 모양으로 꽃차례가 잎보다 길다.

🌰 **참싸리(콩과):** 잎이 대개 둥글거나 달걀 모양으로 꽃차례가 잎보다 짧다.

🌰 **조록싸리(콩과):** 잎이 마름모 모양으로 끝이 뾰족하다.

화살나무

노박덩굴과, 화살처럼 깃이 달린 나무

- 잎이 지는 작은키나무, 잎: 달걀 모양

- 꽃: 암수한그루, 연두색, 5월

- 열매: 빨간색, 둥근 모양, 10월

화살나무는 가지에 날개가 달려 있어요. 화살나무 날개는 정말 화살 끝에 붙어 있는 날개 모양 같아요. 어떤 사람들은 화살나무를 '참빗나무', '홑잎나무'라고도 부르기도 해요.

화살나무 잎은 달걀 모양으로 줄기에 마주 붙어 있어요. 잎의 가장자리에는 멋진 톱니가 뺑 돌아가며 있지요. 화살나무 꽃은 5월에 피는데 옅은 녹색이라 눈에 잘 보이지 않아요. 끝이 뾰족한 둥근 열매는 가을이면 빨갛게 익어요. 잘 익어서 쫙 벌어진 열매 사이로 주홍색 씨가 매달린 모습은 아름다워요.

화살나무는 날씨가 조금만 추워져도 금세 단풍이 들지요. 화살나무 잎은 단풍으로 유명한 단풍나무보다 더 일찍 물들어요.

화살나무는 단풍과 열매가 모두 아름다워서 정원이나 공원에 많이 심어요. 정원이나 공원에서 화살나무를 찾고 싶다면 나무의 가지를 살펴보세요. 화살나무 가지는 누가 봐도 확실히 화살 날개로 보이는 날개가 달려 있거든요. 화살의 날개는 새의 깃털로 만들어진 것이지요. 그러면 화살나무 날개는 무엇으로 만들어졌을까요?

화살나무의 날개는 마치 병의 입구를 막을 때 쓰는 단단하고 거칠거칠한 코르크 같아요. 화살나무의 날개는 봄에 나오는 연하고 부드러운 새싹을 지키기 위한 방패랍니다. 그래서 부드러우면 곤란하거든요.

단단하고 거친 화살나무의 날개는 화살나무의 지혜를 보여 주지요. 코르크로 된 날개에는 섬유질이 많이 들어 있어 씹을 때 감촉이 안 좋을 뿐 아니라 소화가 잘되지 않아요. 그래서 단 한 번이라도 화살나무 날개를 먹어

관찰해 볼까요?

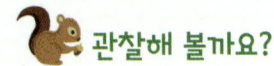

잎: 달걀 모양으로 가장자리에 톱니가 있고 줄기에 마주 붙어 난다.

줄기: 코르크질의 날개가 있다.

꽃: 연한 녹색으로 피며 꽃잎이 4장으로 여러 송이가 모여서 피라미드 모양을 이룬다.

열매: 끝이 뾰족한 둥근 모양으로 붉게 익는다.

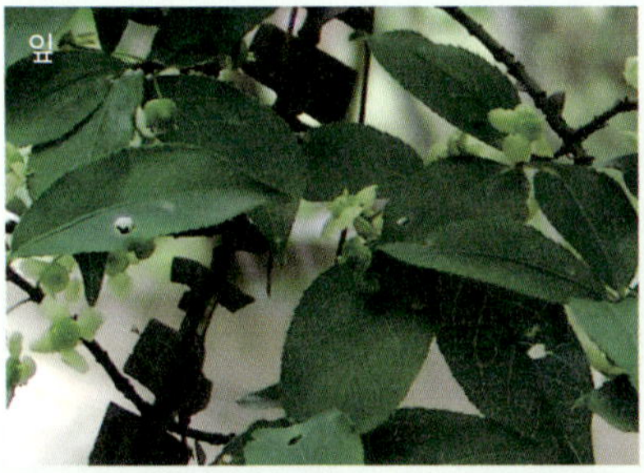
잎

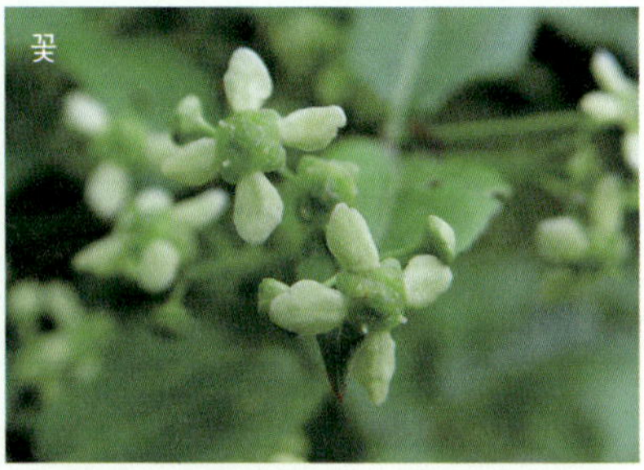
꽃

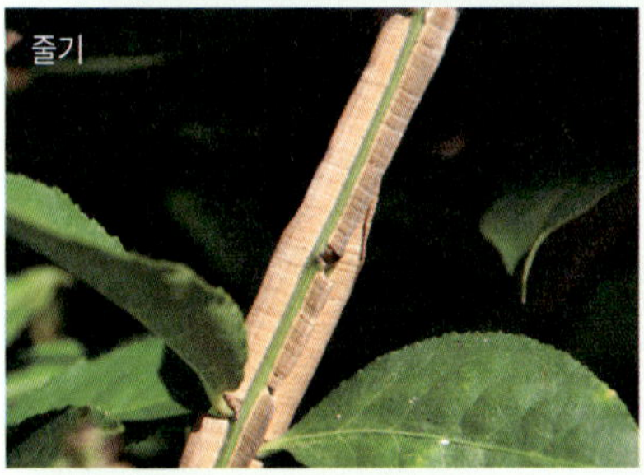
줄기

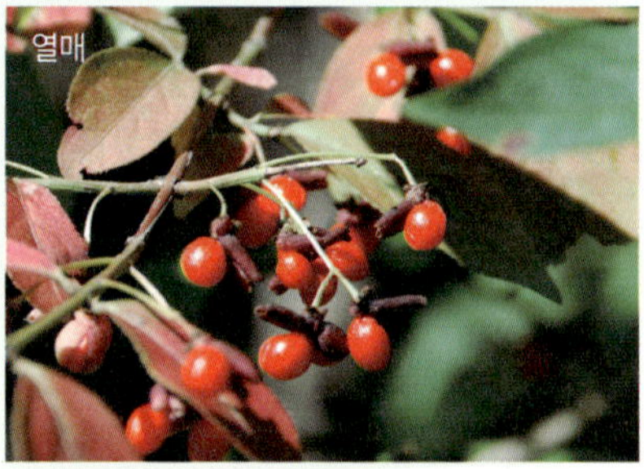
열매

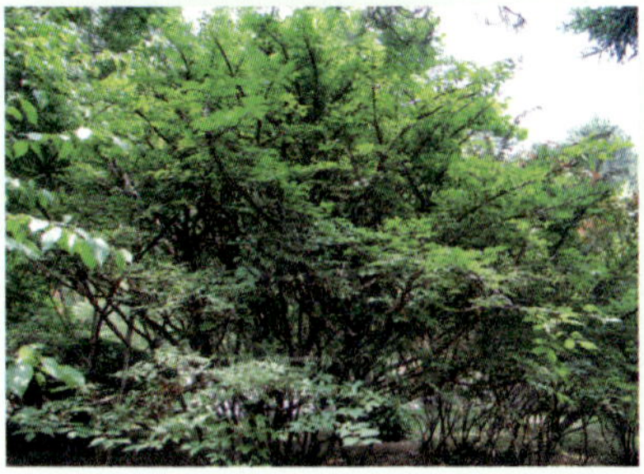

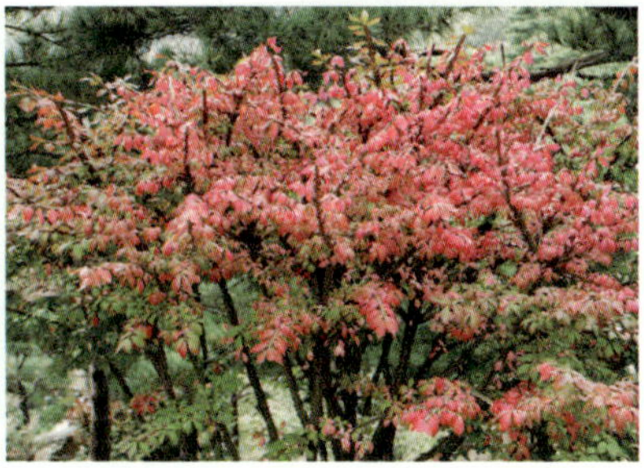

본 동물은 다시는 화살나무를 먹고 싶어 하지 않아요. 화살나무 날개는 새 싹과 함께 가지에 잔뜩 달려 있어요. 덕분에 화살나무 날개를 먹으니 그냥 새싹을 포기하고 말아요. 정말 영리하지요?

동물들은 화살나무 날개를 싫어하지만, 사람들은 화살나무 날개를 좋아해요. 특히 손가락이나 발가락에 박힌 가시를 빼는 데 화살나무 날개만큼 편리한 것도 없거든요. 화살나무 날개를 불에 태운 재를 가시가 박힌 곳에 바르면 신기하게도 가시가 금방 빠져 버려요. 또한 가래를 없애고 피멍을 풀어 주지요.

화살나무와 생김새가 비슷한데 가지에 날개가 없는 나무를 봤다면 주저 없이 회잎나무라고 불러 주세요. 회잎나무는 화살나무와 같은 집안 식구예요. 그래서 여러 가지 생김새가 닮았지요. 가을이면 붉은 물이 곱게 드는 것까지 감쪽같이 똑같아요.

 **조금만 더**

🌰 **화살나무(노박덩굴과):** 줄기와 가지에 코르크 같은 감촉의 날개가 있다.

🌰 **회잎나무(노박덩굴과):** 줄기와 가지에 코르크 같은 감촉의 날개가 없다.

참나무

참나무과, 나무 중의 진짜 나무

- 잎이 지는 큰키나무와 늘푸른 큰키나무, 잎: 종류에 따라 다르다.
- 꽃: 암수한그루, 암꽃은 붉은색, 수꽃차례는 연두색, 4~5월
- 열매: 갈색으로 딱딱한 깍정이에 싸여 있다.

참나무는 '이 땅의 주인'이라고 불러요. 참나무는 우리나라 산에서 많이 자라요. 또한 참나무와 더불어 살아가는 곤충만 해도 369종류가 넘지요. 게다가 쓰임새가 워낙 많아서 '나무 중의 진짜 나무'라는 뜻의 이름이 붙었을 정도예요. 사실 '참나무'는 한 가지 나무를 부르는 말이 아니라 그저 참나무과에 속하는 모든 나무들을 통틀어 부르는 이름이랍니다.

참나무과에 속하는 나무는 모두 도토리가 열려요. 갈참나무, 졸참나무, 신갈나무, 떡갈나무, 상수리나무, 굴참나무는 서로 다른 모양의 도토리가 열려요. 남해안과 제주도에서 자라는 가시나무는 겨울에도 푸른 잎을 달고 있지만, '가시'라는 도토리 비슷한 열매가 열려요.

참나무는 조상의 삶과 지혜가 듬뿍 담긴 재미있는 이름을 가지고 있어요. 갈참나무라는 이름은 조각조각 이어진 나무껍질이 보기 안쓰럽다고 '빨리 껍질을 갈'라는 뜻에서 붙여졌어요. 졸참나무는 잎도 작고 열매도 작다고 해서 '졸병(卒兵) 참나무'라는 뜻에서 지어 준 이름이에요. 신갈나무는 잎이 커서 신발 깔개로 쓸 수 있어서 '신갈나무', 떡갈나무는 잎으로 떡을 싸서 다닐 수 있다고 '떡갈나무'이지요. 떡갈나무 잎에는 정말 음식을 상하지 않게 하는 물질이 들어 있어요. 상수리나무의 원래 이름은 토리였대요. 그런데 임진왜란 때 선조 임금님이 토리 열매로 만든 묵을 좋아하셨대요. 그래서 임금님께 올리는 '수라'에 자주 올렸다는 뜻의 '상(上)수라'라는 새 이름을 얻었다고 해요. 그러나 이 이야기는 확실한 것은 아니에요. 상수리나무의 열매를 한자로 '상실(橡實)'이라고 해요. 아마도 여기에서 '상수리'라는 말이 나온 것 같아요. 굴참나무는 나무껍질이 골짜기처럼 세로로 깊게

꽃: 잎이 크기 전에 수꽃이 피고, 이어서 암꽃이 핀다. 수꽃이 새 가지 밑부분의 잎겨드랑이에서 연두색으로 길게 늘어진다. 암꽃은 새 가지 윗부분 잎겨드랑이에서 붉은빛으로 피는데 아주 작아서 맨눈으로 보기 힘들다.

잎: 종류에 따라 모양과 크기가 다르며 어두운 주황색으로 물든다.

열매: 종류에 따라 열매 생김새와 깍정이 모양이 조금씩 다르다.

줄기: 종류에 따라 껍질 모양이 다르다.

수꽃

암꽃

잎

열매

줄기

파여 있어서 '굴참나무'라는 이름이 붙었어요.

우리나라 높은 산 중턱에 울창한 참나무 숲이 있다면 거의 대부분은 신갈나무가 채우고 있어요. 신갈나무는 우리나라 참나무 가운데 가장 많이 자라요.

참나무는 잎이 덜 자란 이른 봄에 꽃을 피워요. 먼저 새 가지 아랫부분에 꼬리 모양의 수꽃을 피워요. 수꽃은 꽃가루를 멀리 날리기 위해 비 오는 날을 피해 햇살이 좋은 따뜻한 날에 꽃밥을 터뜨려요. 꽃가루가 거의 날리고 나면 새 가지 위에 암꽃이 붉게 피어나요. 암꽃은 크기가 워낙 작아 맨눈으로 보기에는 빨간 점처럼 보여요. 이 작은 꽃에서 도토리가 되는 생명이 들어 있다니 생명의 신비함에 놀랄 수밖에 없어요.

참나무들은 숲속에 사는 동물들에게 아낌없이 베풀어요. 특히 참나무의 상처에서 나오는 진은 숲속에 사는 모든 곤충이 사랑하는 먹이이지요. 낮에는 주로 나비, 벌, 파리, 개미 등이 모여들고, 밤이 되면 장수풍뎅이, 사슴벌레, 나방들이 찾아와요.

이른 가을이면 도토리거위벌레 암컷이 아직 익지 않은 연한 도토리에 구멍을 뚫고 알을 낳은 뒤 가지째 잘라 땅에 떨어뜨려요. 가지에 4~5개 달린 나뭇잎은 알을 지켜 주는 낙하산이지요. 도토리가 익으면 숲속의 다람쥐, 어치, 청설모들은 열매를 먹기도 하고 겨울 먹을거리로 쓰기 위해 숲속 이곳저곳에 저장해요. 숲속 동물들이 열매를 저장해 놓고 잊은 곳에서는 새로운 참나무가 자라요.

참나무가 가장 아낌없이 베푸는 것은 도토리일 거예요. 졸참나무 도토리는 크기가 작은 대신 떫은맛이 나지 않아 그냥 먹을 수 있어요. 다른 도토리에는 쓰고 떫은맛을 내는 탄닌이 많이 들어 있어서 물에 담가 떫은맛을 빼야 해요. 도토리묵은 우리 몸에 좋은 성분이 많이 들어 있을 뿐 아니라 칼로리가 낮아서 성인병과 비만에 아주 좋아요.

참나무 줄기는 단단해서 가구를 만드는 재료로 사용되고, 나무껍질은 검정 물을 들일 때, 도토리깍정이는 밤색물감을 들일 때 써요. 도토리로는 장난감이나 장식품을 만들어요. 참나무를 구워 만든 참나무 숯은 나쁜 물질과 공기도 잘 걸러 주고 숯불구이용으로도 최고랍니다. 모든 것을 남과 나누는 참나무야말로 '진짜 나무'라고 부를 만하지요? 참나무는 종류에 따라 잎과 도토리의 모양이 달라요.

 조금만 더

갈참나무(참나무과): 잎자루가 길고, 잎이 크다. 잎 가장자리 톱니가 둥글둥글하다. 달걀 모양의 도토리가 세모 모양 돌기가 있는 깍정이에 반쯤 싸여 있다.

졸참나무(참나무과): 잎자루가 길고, 잎이 크지만 갈참나무 잎보다는 작다. 잎 가장자리가 톱니 모양으로 조금 휘어진다. 도토리가 올록볼록한 돌기가 있는 깍정이에 3분의 1쯤 싸여 있다.

상수리나무(참나무과): 잎자루가 길고, 잎이 밤나무 잎처럼 길고 폭이 좁다. 잎 뒷면은 연녹색이다. 크고 동그란 도토리가 돌기가 뒤로 젖혀져 있는 깍정이에 반 정도 싸여 있다.

굴참나무(참나무과): 잎자루가 길고, 잎의 폭이 좁지만 상수리나무 잎보다는 넓다. 잎 뒷면에 회색이 도는 흰 털이 있다. 상수리나무 도토리보다 작은 도토리가 뒤로 젖혀진 긴 돌기를 많이 달고 있는 깍정이에 3분의 2쯤 싸여 있다.

신갈나무(참나무과): 잎자루가 없고, 잎이 넓다. 잎 뒷면이 녹색이다. 도토리가 올록볼록 튀어나온 돌기가 있는 깍정이에 조금 싸여 있다.

떡갈나무(참나무과): 잎자루가 아주 짧고, 잎이 넓다. 잎 뒷면에 털이 많아 만지면 폭신하다. 긴 달걀 모양의 도토리가 북슬북슬한 긴 털모자를 반쯤 눌러 쓰고 있다.

계수나무

계수나무과, 달나라에 살고 있는 동화 속의 나무

· 잎이 지는 큰키나무, 잎: 하트 모양

· 꽃: 암수딴그루, 암수꽃 모두 자주색, 4~5월

· 열매: 갈색, 굽은 원기둥 모양, 9월

계수나무는 토끼와 함께 달나라에 사는 동화 속의 나무예요. 누가 "왜 동화 속의 나무야?"라고 묻는다면 〈반달〉이라는 제목의 동요를 불러 보세요.

"푸른 하늘 은하수 하얀 쪽배에 / 계수나무 한 나무 토끼 한 마리 / 돛대도 아니 달고 삿대도 없이……"

옛날 사람들은 달 속에 짙게 보이는 그림자가 떡방아를 찧는 토끼와 계수나무라고 생각했어요. 계수나무는 전 세계에서 중국과 일본에서만 저절로 자라는 귀하고 아름다운 나무랍니다.

계수나무는 곧게 자란 굵은 줄기에 잔가지가 부채살처럼 뻗어 독특한 아름다움을 뽐내지요. 그래서 옛날부터 계수나무를 정원에 심고 가꾸어 왔지요. 아시아가 고향인 나무 가운데 가장 큰 나무가 계수나무라고 하는 사람도 있을 정도예요.

계수나무는 잎 한 장으로도 마치 동화의 나라에 와 있는 것 같은 기분을 느끼게 해 줘요. 계수나무 잎은 잎끼리 서로 마주 보고 나요. 게다가 굵은 줄기에서도 잎이 나와요. 하트 모양의 잎이 달린 계수나무는 사람들에게 특별한 분위기를 선물해 주지요. 계수나무 잎은 모양이 예쁠 뿐 아니라 달콤한 솜사탕 냄새가 나요. 특히 가을이 되어 노랗게 단풍이 들 때면 더욱 진한 솜사탕 냄새가 뿜어져 나온답니다. 그래서 곱게 물든 계수나무 잎을 책갈피에 꽂아 두거나, 헝겊주머니에 담아 두면 오래 오래 달콤한 향기를 즐길 수 있지요.

4월, 잎보다 서둘러 고개를 내민 계수나무 꽃은 암꽃과 수꽃이 서로 다른 나무에 피어나요. 암꽃의 암술머리는 3갈래로 깊이 갈라져 있어요. 수꽃

꽃: 꽃잎이 없는 자주색 꽃으로 암꽃과 수꽃이 다른 나무에서 핀다.

열매: 소시지 모양으로 씨앗에 날개가 달려 있다.

잎: 하트 모양 잎이 길고 붉은 잎자루에 매달려 있으며 잎 가장자리에 무딘 톱니 모양이 있다.

줄기: 나무껍질이 세로로 길게 조각조각 떨어진다.

암꽃

수꽃

잎

잎

열매

줄기

의 수술은 붉은 꽃밥을 많이 달고 있지요. 계수나무 꽃은 꽃잎이 없지만 워낙 많은 꽃을 피우기 때문에 꽃이 필 때면 나무 전체가 온통 자줏빛으로 물든답니다.

계수나무 열매는 소시지 모양으로 속에 작은 날개가 달린 씨앗들이 들어 있어요. 소시지 모양의 열매가 터지면 안에 든 씨앗들이 바람을 타고 뿔뿔이 날아가지요. 계수나무 나무껍질은 길게 조각조각 떨어지지만, 노랗게 물든 잎의 모양과 향이 좋아서 공원이나 아파트 정원 등에 많이 심어요.

북한에서는 계수나무를 계피나무라고 부르기도 해요. 그래서 계수나무를 계피나무로 잘못 알고 있는 사람들이 있어요. 우리가 먹는 계피는 녹나무에 속하는 계피나무 껍질을 말하거나 육계나무 껍질을 말한답니다.

조금만 더

🌰 **계수나무(계수나무과)**: 키가 큰 나무로 꽃과 잎 등을 즐기기 위해 정원에 많이 심는다.

🌰 **육계나무(녹나무과)**: 계수나무라고도 불린다. 중국이 고향인 늘푸른 큰키나무로 따뜻한 곳을 좋아해서 우리나라에서는 제주도에서만 볼 수 있다. 나무껍질은 말려서 향신료인 계피로 쓰기도 한다.

단풍나무

단풍나무과, 가을 단풍의 제왕 나무

- 잎이 지는 큰키나무, 잎: 동그란 손바닥 모양
- 꽃: 암수한그루, 붉은색, 4~5월
- 열매: 갈색, 날개 모양, 9~10월

가을이면 울긋불긋 붉게 타오르는 단풍나무는 정말 아름다워요. 누구나 한 번쯤은 곱게 물든 단풍잎을 책갈피에 끼워 본 적이 있을 거예요. 우리나라에서 볼 수 있는 단풍나무의 종류만 해도 30종류쯤 된다고 해요. 생각보다 훨씬 많지요?

사람들은 잎이 아기 손바닥 모양으로 갈라지고, 붉게 물드는 나무를 단풍나무라고 생각해요. 하지만 사실 종류에 따라 잎의 생김새나 단풍의 빛깔이 달라요. 모든 단풍나무 씨앗은 먼 곳까지 날아갈 수 있도록 헬리콥터의 프로펠러같이 생긴 날개가 있어요. 단풍잎의 색과 모양이 낯설어도 씨앗의 모양이 같다면 단풍나무라고 할 수 있어요.

우리가 흔히 단풍나무 하면 떠올리는 5~7개로 갈라진 손 모양의 붉은 잎을 가진 나무는 주로 남쪽 지방에서 볼 수 있는 단풍나무이지요. 단풍나무 꽃은 꽃잎이 없는 작은 꽃으로 붉은 꽃받침 5장이 꽃잎을 대신해 아름다움을 뽐내요. 사람들은 단풍나무 하면 가을 단풍만 떠올리지만, 연녹색 잎이 활짝 펴지기 전에 긴 꽃대에 여러 송이의 꽃이 대롱대롱 매달려 붉게 피는 모습도 아름다워요.

잎이 9~11개로 갈라져 있는 붉은 잎 나무를 본 적이 있나요? 만약 그렇다면 당단풍나무를 본 거예요. 당단풍나무는 주로 중부지방에서 볼 수 있어요. 꽃잎도 없이 꽃받침 5장이 수평 우산 모양으로 모여 피는 것까지 단풍나무와 굉장히 비슷해요.

고로쇠나무는 이름에 단풍이라는 말이 들어 있지 않지만, 잎이 5~7개로 갈라지고 노랗게 단풍이 들어요. 고로쇠나무는 잎이 나기 전에 꽃받침과 꽃

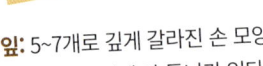

잎: 5~7개로 깊게 갈라진 손 모양으로 가장자리에 잔 톱니가 있다.

열매: 열매가 둘로 갈라지고 씨앗에 날개가 달려 있다.

꽃: 꽃잎이 없는 대신 꽃받침 5장이 있다. 작은 꽃들이 수평 우산 모양으로 붉게 뭉쳐서 핀다.

줄기: 나무껍질은 회색 도는 갈색이며 매끄럽다. 어린 가지는 붉은 빛이 난다.

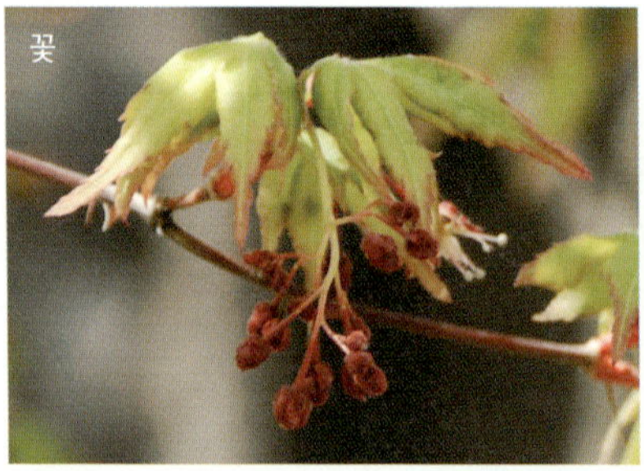

꽃

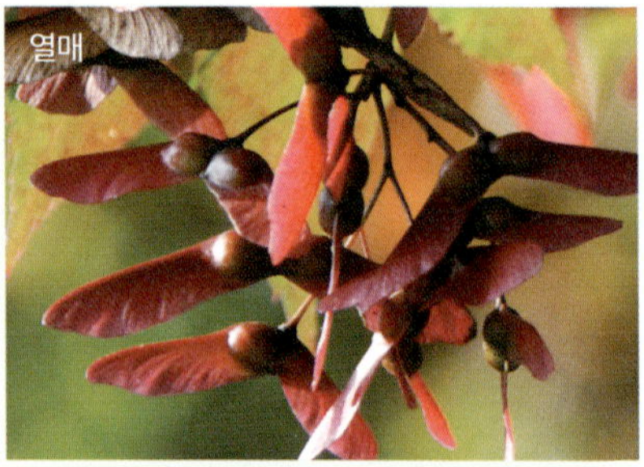

열매

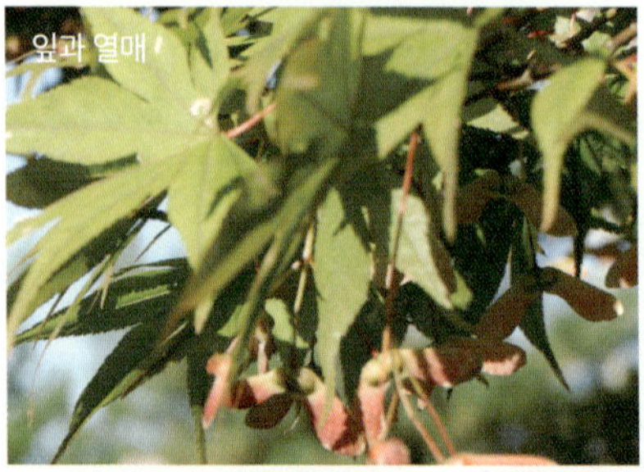

잎과 열매

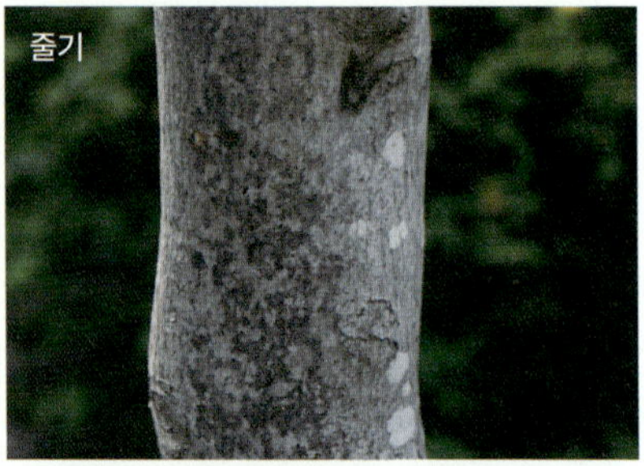

줄기

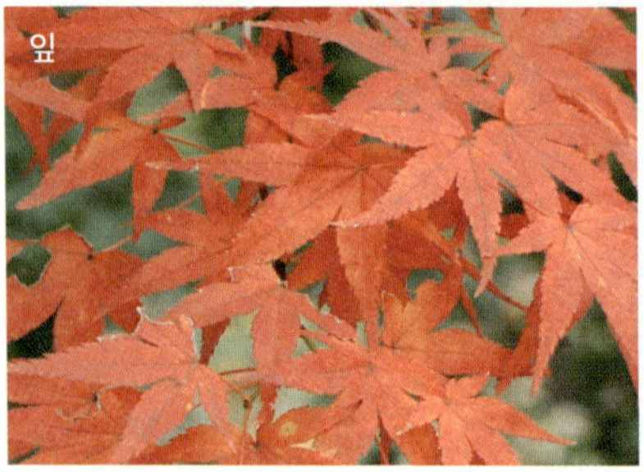

잎

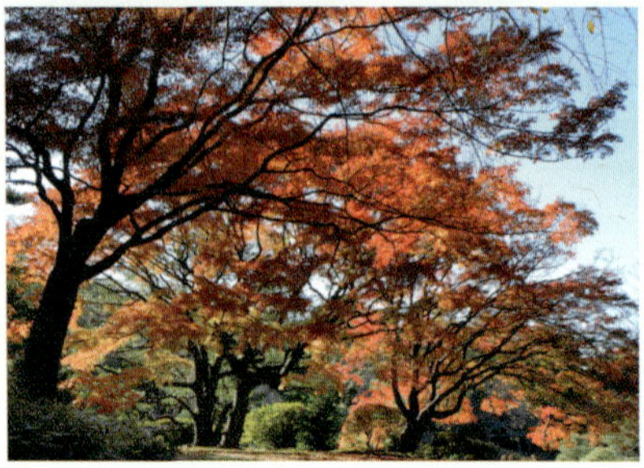

잎을 모두 갖춘 황록색 꽃을 피운답니다.

고로쇠나무에는 재미있는 이야기가 있어요. 옛날 백제와 신라가 전쟁을 할 때의 일이에요. 한 신라 병사가 목이 말라 샘을 찾아 헤맸대요. 그러다가 화살이 꽂힌 나무에서 맑은 물이 흘러나오는 것을 보았지요. 그 물을 마신 신라 병사는 갈증도 풀고 힘도 새로 얻어 더욱 잘 싸우게 되었답니다. 신라 병사가 마신 물은 바로 고로쇠나무 물이라고 해요.

고로쇠나무 물은 '뼈를 이롭게 한다.'는 뜻에서 '뼈 골(骨)', '이로울 리(利)', '나무 수(樹)'라는 이름을 붙였대요. 3월 초가 되면 밤과 낮의 온도차가 커지고, 고로쇠나무 줄기에서 물이 더욱 많이 나와요.

캐나다 국기에 그려져 있는 설탕단풍나무는 고로쇠나무처럼 물이 많이 나오기로 유명해요. 설탕단풍나무에서 나온 물을 끓여 만들면 끈적끈적한 시럽이 돼요. 설탕단풍나무 물로 만든 시럽을 메이플시럽 또는 단풍나무시럽이라고 해요. 단풍나무시럽은 아주 달콤해서 설탕 대신 사용하지요.

거의 모든 것이 우리가 생각하는 단풍나무와 다르지만 한 잎자루에 작은 잎 3장이 달린 복자기도 단풍나무에 속해요. '복자기도 단풍나무다.'라는 말에 다들 놀라요. 하지만 가을에 곱게 물든 나뭇잎을 보면 모두 입을 다물지요. 복자기 단풍은 마치 불타는 듯이 붉은빛으로 유명해요. 단풍나무 가운데 복자기 단풍이 가장 빛이 곱고 진해요. 그래서 단풍만 놓고 봤을 때 복자기를 '단풍나무의 여왕'이라고 할 수 있지요.

특히 광릉 국립수목원의 큰 복자기는 가을마다 보는 사람들이 감탄할 정도예요. 복자기 꽃은 잎이 나오기 전에 가지 끝에 노란 꽃 3~4송이가 달려요.

잎이 세모진 신나무도 복자기처럼 생김새나 이름만으로는 단풍나무인 줄 몰라요. 하지만 가을이 되어 단풍이 들면 누구든 감탄하게 만들지요. 은은하고 노란빛이 살짝 들어간 품위 있는 붉은 잎이 참 멋져요. 신나무는 꽃향기가 좋고 꽃받침과 꽃잎이 모두 있는 연둣빛 꽃을 피워요.

가을이 되어 낮의 길이가 짧아지고 기온이 떨어지면서 나무들은 겨울을 준비해요. 그중 하나가 바로 봄부터 애지중지 키워 온 잎을 떨어뜨리는 것이지요. 잎을 떨어뜨리기 위해 잎자루와 가지 사이에 떨켜층을 만들어요. 그러면 물과 영양분이 오가지 못하게 되지요. 울긋불긋 예쁜 단풍잎들은 잎 속에서 봄과 여름 내내 광합성(光合成)에 여념이 없던 엽록소(葉綠素)가 제 역할을 다하자 잎 속에 있던 다른 여러 색소(色素)들이 나타난 것이에요. 잎에 붉은색 계통의 색소인 안토시안(anthocyan)이 많으면 빨간 단풍이 들고, 황색 계통의 색소인 카로틴(carotene)이 많으면 노란 단풍이 들어요.

가을이면 단풍 중에서도 가장 아름답게 물드는 나무가 바로 단풍나무이지요. 단풍(丹楓)이 추색(秋色)을 대표하는 일반 명사가 된 것도 바로 이 단풍나무 때문이에요. '단풍(丹楓)'의 '단(丹)'은 빨갛게 물든 단풍잎의 색깔을 나타내는 말이에요. 단풍나무를 뜻하는 '풍(楓)' 자는 바람[風]에 잘 흔들리는 나무[木]라고 해서 만들어진 한자예요. 단풍나무는 가지가 가늘어서 바람이 조금만 불어도 흔들리는 모습이 쉽게 눈에 띄지요.

단풍나무는 보기도 좋지만, 목재로도 뛰어나 체육관 바닥에 널리 쓰여요. 특히 소리가 잘 울려 퍼져 피아노나 바이올린의 재료로는 더없이 좋답니다.

🌰 **단풍나무(단풍나무과):** 잎이 5~7개로 갈라지고 붉게 물들며, 꽃잎 없는 붉은 꽃이 핀다.

🌰 **당단풍나무(단풍나무과):** 잎이 9~11개로 갈라지고 붉게 물들며, 단풍나무 꽃과 닮은 꽃이 핀다.

🌰 **고로쇠나무(단풍나무과):** 잎이 5~7개로 얕게 갈라지고 잎 가장자리에 톱니가 없고, 노랗게 물든다. 꽃받침과 꽃잎이 모두 있는 황록색 꽃이 핀다.

🌰 **복자기(단풍나무과):** 잎이 나오기 전에 가지 끝에 노란 꽃 3~4송이가 달린다. 한 잎자루에 3개의 작은 잎이 함께 달려 있고, 붉게 단풍이 든다.

🌰 **신나무(단풍나무과):** 꽃잎과 꽃받침이 모두 있는 연둣빛 꽃이 핀다. 잎이 세모지며 3갈래로 얕게 갈라져 있다. 잎 가장자리에 고르지 않은 톱니가 있다.

🌰 **중국단풍나무(단풍나무과):** 잎이 오리발처럼 3갈래로 갈라진다. 잎이 두껍고 가장자리가 매끈하며 윤기가 난다.

담쟁이덩굴

포도과, 담장을 타고 넘는 도둑 나무

- 잎이 지는 덩굴나무, 잎: 3개로 갈라진 넓은 달걀 모양

- 꽃: 암수한그루, 연두색, 6~7월

- 열매: 흰가루 덮인 검은색, 둥근 모양, 8~10월

담쟁이덩굴은 주로 담장을 타고 올라가며 자라서 붙여진 이름이에요. 이름 뒤에 붙은 '덩굴'이라는 말 때문에 담쟁이덩굴을 풀이라고 생각하는 사람들이 종종 있어요. 하지만 담쟁이덩굴은 해를 더할수록 줄기가 굵어져 가는 틀림없는 나무이지요. 멀쩡한 나무를 풀이라고 생각하다니 담쟁이덩굴은 참 억울하겠지요? 오래된 담쟁이덩굴은 팔뚝 두께까지 자란다는 말이 있을 정도랍니다.

담쟁이덩굴은 타고 올라갈 벽만 있다면 어디서나 잘 자라요. 담쟁이덩굴이 다른 물체에 찰싹 달라붙을 수 있는 것은 흡반 덕분이에요. 흡반은 담쟁이덩굴의 덩굴손 끝에 달린 동그란 판이지요. 오징어나 문어의 발에 달린 빨판 같은 역할을 해요.

담쟁이덩굴을 비롯한 대부분의 덩굴식물은 다른 물체를 잡고 올라가기 좋은 덩굴손이 있어요. 그런데 담쟁이덩굴은 덩굴손만으로 만족하지 못했어요. 그래서 덩굴을 좀 더 먼 곳까지 쉽게 뻗어나가기 위해 덩굴손 가운데 일부를 변화시켜 흡반을 만들었지요. 흡반은 어디에나 착 달라붙을 수 있을 뿐 아니라 한번 붙으면 비바람이 몰아쳐도 꼼짝도 하지 않아요.

담쟁이덩굴 줄기는 씹으면 단맛이 나요. 그래서 설탕이 없던 시절에는 줄기를 끓여 끈적끈적하게 만들어 설탕 대신 쓰기도 했어요. 담쟁이덩굴 꽃은 이른 여름부터 볼 수 있는데, 노란빛 도는 녹색의 꽃 안에 암술과 수술이 모두 있어요.

담쟁이덩굴은 삭막하기 그지없는 도시를 멋지게 만드는 마법사예요. 겨울이면 앙상한 가지만 드리우고 있다가, 봄이 오고 파릇한 새순이 올라왔나

잎: 2~3갈래로 갈라지고 큰 톱니가 있다. 어린잎은 가끔 작은 잎 3장이 달린 겹잎으로 돋아난다. 덩굴손과 잎이 마주난다.

꽃: 노란빛 도는 녹색으로 핀다.

줄기: 덩굴손 끝에 둥근 흡반이 있어 다른 물체에 달라붙어 자란다.

열매: 검고 동그랗게 익으며 겉에 하얀 가루가 덮인다.

잎

잎

꽃

열매

흡반

싶으면 순식간에 푸른빛으로 뒤덮어 버리지요. 또 가을이면 여름의 싱그럽고 탐스럽던 잎을 붉게 물들여 사람들에게 가을을 알려요. 담쟁이덩굴의 단풍은 도시에서도 흔히 볼 수 있는 계절의 풍경이랍니다.

우리나라뿐 아니라 세계 어느 나라의 도시에서도 담쟁이덩굴을 볼 수 있어요. 미국의 유명한 소설가 오 헨리는 자신의 단편소설 「마지막 잎새」에서 주인공의 입을 빌려 '담쟁이덩굴의 곱게 든 단풍잎이 떨어지면 자기도 죽을 것'이라는 이야기를 해요. 소설에서 나온 담쟁이덩굴은 미국담쟁이덩굴일 거예요. 미국담쟁이덩굴은 잎이 5개로 갈라진 손 모양 겹잎으로 우리가 흔히 보는 담쟁이덩굴과는 조금 달라요.

 조금만 더

🌰 **담쟁이덩굴(포도과):** 한국, 일본, 대만, 중국 등에서 볼 수 있다. 잎이 2~3개로 갈라진 넓은 달걀 모양이다.

🌰 **미국담쟁이덩굴(포도과):** 북아메리카가 고향으로 잎이 5개로 갈라진 손 모양 겹잎이다.

붉나무

옻나무과, 불타는 듯이 붉은 단풍이 드는 나무

- 잎이 지는 중간키나무, 잎: 깃꼴겹잎

- 꽃: 암수딴그루, 암수꽃 모두 연노란색, 8~9월

- 열매: 붉은빛 나는 갈색, 납작한 둥근 모양, 10월

가을 양지바른 산길을 걷다 보면 붉은색으로 곱게 물든 붉나무를 쉽게 볼 수 있어요. 붉나무는 붉은 단풍 덕분에 붙여진 이름이에요. 단풍철이 아니라도 조금만 관심을 기울이면 누구나 쉽게 찾을 수 있어요.

붉나무는 여러 개의 작은 잎이 서로 마주나는 깃꼴겹잎을 달고 있어요. 깃꼴겹잎을 가진 나무는 많지만 긴 잎자루에 날개가 달린 나무는 붉나무밖에 없지요.

붉나무 꽃은 늦여름에서 초가을 사이에 피는데, 아이보리색의 꽃이 원뿔 모양의 꽃차례로 매달려 하늘을 향해 쭉쭉 피어요. 암꽃과 수꽃은 서로 다른 나무에서 피어요. 특히 암꽃의 도드라진 붉은 씨방은 씨를 만드는 역할뿐 아니라 곤충을 부르는 일까지 한꺼번에 한답니다.

붉나무는 붉은 씨방이 자라면서 차츰 연초록으로 바뀌고 열매 표면에 하얀 소금이 생겨요. 그래서 붉나무를 '소금 나무'라는 뜻에서 '목염(木鹽)' 또는 '소금이 붙어 있는 나무'라는 뜻에서 '염부목(鹽膚木)'이라고 하지요. 옛날 소금을 구하기 어려운 먼 산골에서는 붉나무 열매를 물에 담가 짠맛을 우려내어 소금 대신 썼답니다.

붉나무 열매를 덮은 하얀 가루는 나트륨이 들어 있는 소금이 아니라 소금과 비슷한 맛이 나는 천연 사과산칼슘이에요. 숲속 동물들은 시고 짭짤한 맛이 나는 붉나무 열매를 아주 좋아해요. 덕분에 우리 주변에서 흔하게 볼 수 있답니다.

붉나무 가운데는 잎자루에 손가락 마디만 한 진딧물 주머니가 있는 나무가 있어요. 진딧물 주머니는 진딧물이 다른 곳에 퍼지는 것을 막으려고

잎: 작은 잎이 7~13장 깃꼴겹잎으로 나고, 가장자리에 거친 톱니가 있으며, 잎자루에 날개가 달린다.

열매: 둥글고 납작한 모양으로 익으면 흰색으로 변한다.

꽃: 줄기 끝에 원뿔 모양으로 피며 꽃차례의 길이가 15~30cm로 길다.

줄기: 굵은 가지가 드문드문 나오며 어린 가지는 갈색이다.

잎

암꽃

열매

수꽃

오배자

오배자

붉나무가 직접 마련해 준 집이라고 할 수 있지요. 붉나무 진딧물 주머니를 '오배자'라고 하며 아주 귀한 약재로 사용해요. 오배자는 피부가 가렵거나 헐거나 진물이 흐를 때, 종기가 났을 때 등 피부병 치료에도 좋고 설사를 멈추게 하는 데에도 효과가 있다고 해요. 또한 염료로도 널리 쓰여요.

붉나무 잎은 긴 잎자루에 날개가 달린 것만 빼면 언뜻 옻나무 잎과 비슷해 보여요. 옻이 오르면 피부가 두들두들 부어오르고 몹시 가려워요. 그래서 옻 알레르기가 심한 사람은 모양이 비슷한 붉나무만 보아도 깜짝 놀란답니다.

 **조금만 더**

🌰 **붉나무(옻나무과):** 작은 잎이 7~13장으로 된 깃꼴겹잎으로 잎자루에 날개가 달린다.

🌰 **개옻나무(옻나무과):** 산에서 볼 수 있고, 작은 잎이 13~17장으로 된 깃꼴겹잎으로 잎자루가 붉다. 잎 가장자리에 톱니가 없거나 2~3개 있다.

🌰 **옻나무(옻나무과):** 중국이 고향이며 작은 잎이 9~11장으로 된 깃꼴겹잎으로 잎 가장자리가 밋밋하다.

감나무

감나무과, 가을을 더욱 풍요롭게 하는 나무

- 잎이 지는 큰키나무, 잎: 긴 달걀 모양
- 꽃: 암수한그루, 연노란색, 5~6월
- 열매: 주홍색, 둥근 모양, 10월

가을이 깊어 가면 붉게 물들었던 고운 잎도 다 지고, 감나무에는 탐스러운 열매가 주렁주렁 달려요. 새파란 가을 하늘 아래 가지마다 달린 감은 가을을 더욱 풍요롭게 느끼게 하지요. 감을 딸 때는 감이 깨지지 않도록 긴 대나무 장대 끝에 갈고리와 주머니를 달아요. 그리고 꼭 감 몇 개는 따지 말고 '까치밥'으로 남겨 두세요. 먹을 것이 항상 부족했던 옛날에도 새들을 위해 까치밥을 남겼어요. 자연과 더불어 살아가는 마음의 여유가 보이지요.

옛날 서울에서는 바람이 적고 양지바른 곳에서만 감나무를 볼 수 있었어요. 그런데 요즘은 기온이 따뜻해져서 북쪽에서도 감나무를 볼 수 있게 되었어요.

감나무는 큰 둥근 씨방과 꽃봉오리를 초록 보자기에 예쁘게 싸 놓았어요. 감나무의 꽃받침은 질기고 두툼해서 마치 가죽 같아요. 튼튼한 꽃받침 덕분에 감 열매는 아무리 크게 자라도 걱정이 없어요. 감나무 꽃은 전통 혼례 때 신부가 쓰는 족두리처럼 생겼어요. 꽃가루받이가 끝나고 열매가 자라면 꽃이 쏙 빠져서 떨어져요. 감꽃 아랫부분이 넓게 뚫려 있어서 아주 잘 빠져요. 떨어진 꽃을 주워 실에 걸면 예쁜 꽃목걸이가 되지요.

덜 익은 감에는 타닌 성분이 많이 들어 있어서 아주 떫은 맛이 나요. 하지만 덜 익은 감도 쓰임새가 있어요. 크기가 작은 감은 즙을 짜서 바람이 잘 통하고 질긴 갈옷을 만드는 데 쓰고, 살짝 설익은 감은 껍질을 벗겨서 말려 말랑말랑 맛있는 곶감을 만들지요. 감에는 우리 몸에 좋은 비타민과 당분이 많이 들어 있어요. 하지만 너무 많이 먹으면 변비가 생겨서 아침에 화장실에서 심하게 고생할 수도 있으니 조심하세요. 감잎에는 비타민C뿐 아니라

관찰해 볼까요?

잎: 긴 달걀 모양으로 가장자리에 톱니가 없으며, 잎이 두껍고 질기며 앞면이 반들반들하다.

꽃: 5~6월에 족두리 모양의 옅은 노란색 꽃이 핀다.

줄기: 흑갈색으로 나무껍질이 조각조각 떨어진다.

열매: 공 모양 열매가 서리가 내릴 즈음이면 초록색에서 붉은색으로 변한다.

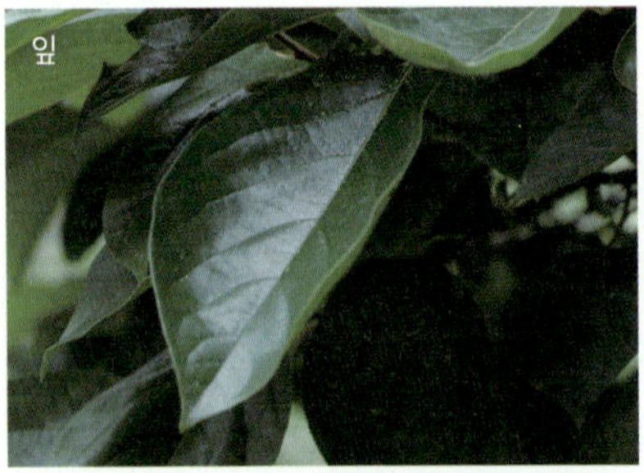
잎

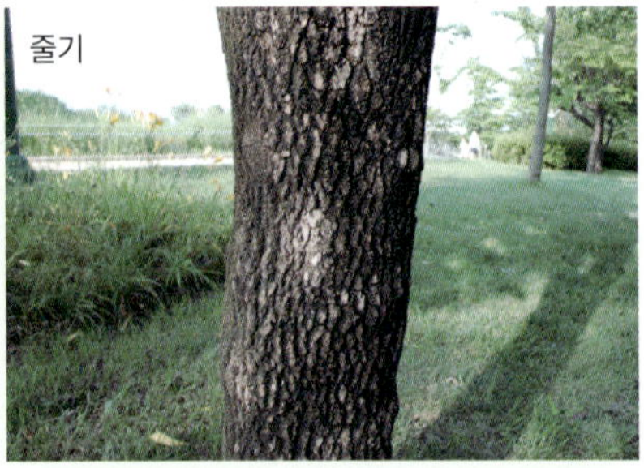
줄기

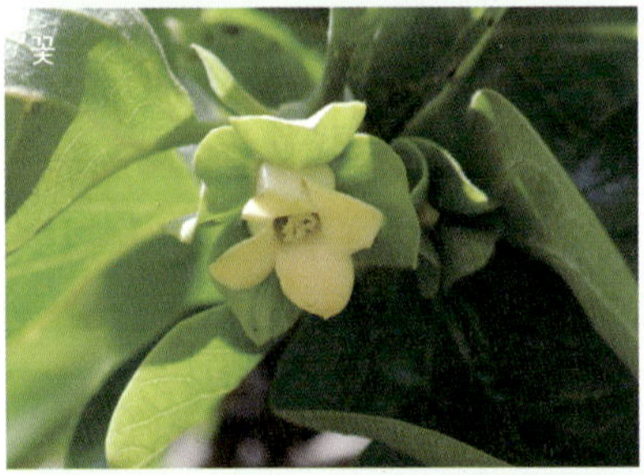
꽃

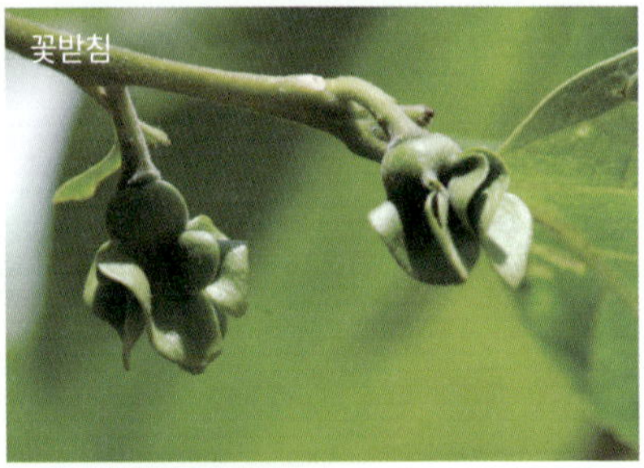
꽃받침

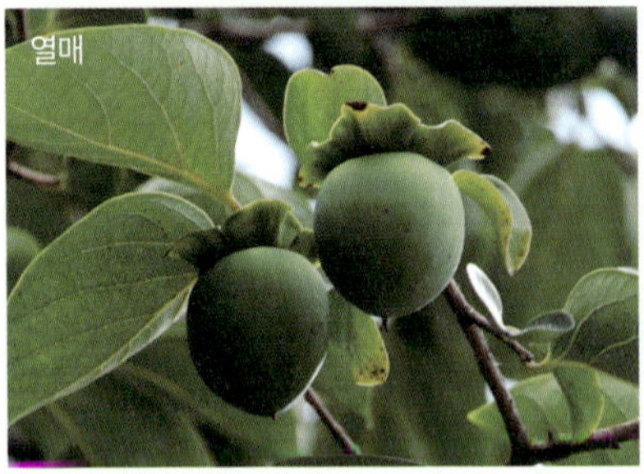
열매

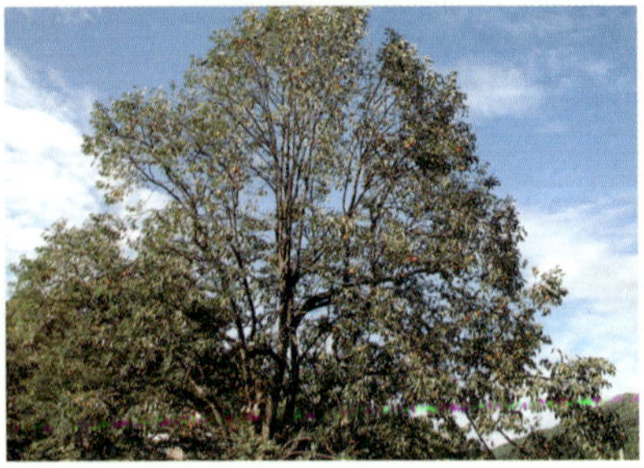

혈액의 지방을 줄여 주는 성분도 들어 있어요. 감잎을 쪄서 잘게 썰어 차로 만들어 마시면 감기와 빈혈이 사라지고 혈압이 떨어져요.

감나무는 나뭇결이 곱고 단단해서 감나무로 만든 골프채 머리 부분을 최고로 쳐요. 특히 오래된 감나무에는 검은 줄무늬가 들어가 있어 아름답지요. 검은 줄무늬가 들어간 것을 먹감나무라고 불러요. 옛날 양반 집안의 문갑, 가구, 사방탁자 등을 만들 때 먹감나무를 사용했답니다.

고욤나무는 감나무와 비슷하게 생겼지만 열매가 작아요. 씨를 뿌려서 키운 고욤나무에 감나무를 잘라 붙이면 그냥 키운 감나무보다 튼튼하고 열매가 잘 열리는 감나무가 된답니다.

조금만 더

🌰 **고욤나무(감나무과):** 산에서 저절로 자라며 열매가 아주 작다. 감나무보다 잎이 조금 얇고 작으며 긴 달걀 모양이다.

🌰 **감나무(감나무과):** 마을 주변에서 많이 볼 수 있다. 잎이 긴 달걀 모양으로 도톰하고 두껍고 질기다.

밤나무

참나무과, 억척스럽게 열매를 지키는 나무

- 잎이 지는 큰키나무, 잎: 긴 달걀 모양
- 꽃: 암수한그루, 흰색, 암꽃은 둥근 모양,
  수꽃차례는 꼬리 모양, 6월
- 열매: 밤색, 둥근 모양, 9~10월

밤은 맛있을 뿐만 아니라 영양소도 풍부해요. '밥이 달리는 나무'라는 뜻에서 '밥나무'라고 부르다가 '밤나무'가 되었다고 할 정도니 두말할 필요가 없겠지요. 밤은 숲속의 여러 동물도 좋아해요. 그래서 꽃이 지고 열매가 크기 시작하면 열매를 지키기 위한 밤나무의 노력이 시작되지요. 우선 겉껍질에 고슴도치처럼 가시를 무섭게 달아요. 열매에 달린 가시는 밤이 여물어 갈수록 더욱 딱딱하고 질기고 날카롭게 변해서 열매를 함부로 만졌다간 손을 찔리고 말아요. 밤송이 겉껍질 속에는 단단하고 반들반들한 중간껍질이 있어요. 중간껍질을 벗겨 낸 뒤에도 떫은맛이 나는 얇은 속껍질이 있어요. 달콤한 밤을 먹으려면 벗겨야 할 껍질이 정말 많지요?

봄이 오면 밤나무는 가지 가득 잎을 달고 햇볕을 받아요. 어찌나 있는 힘을 다해 가지를 활짝 펼쳐 놓는지 옆에 있는 다른 나무들이 기가 죽을 지경이에요. 가지마다 빽빽이 매달린 잎끝에는 톱니마다 뾰족한 침이 달렸어요. 뾰족한 침은 동물들의 접근을 막을 뿐 아니라 영양분을 만드는 일까지 해요. 햇빛을 조금이라도 더 이용하려고 침에서까지 영양분을 만들어 내다니 참 억척스럽지요? 밤나무는 잎이 상수리나무와 비슷해 혼동하는 경우가 많아요. 밤나무 잎의 톱니는 엽록소가 있어서 녹색이고, 상수리나무 잎의 톱니는 엽록소가 없어서 갈색으로 보여요.

여름이 시작되는 6월 초면 무성하게 자란 잎사귀 위로 꼬리 모양의 흰 꽃이 피어요. 열매가 맺히는 암꽃은 흰 수꽃 뭉치 밑에 앙증맞게 달리지요. 밤나무는 다른 참나무와 달리 잎을 크게 키운 다음에 꽃을 피워요. 참나무과에 속하는 다른 나무들은 다소곳이 고개를 숙이고 꽃을 피워요. 밤나무는

잎: 긴 달걀 모양으로 끝이 차츰 뾰족해진다. 잎 가장자리 짧은 톱니에 침이 붙어 있고 엽록소가 침 끝까지 들어 있어 파랗게 보인다.

열매: 여러 겹의 껍질로 싸여 있다. 가시로 된 겉껍질 속에 둥그스름하고 단단한 씨앗이 1~3개씩 들어 있다.

꽃: 꼬리 모양의 수꽃 뭉치가 하얗게 피고 수꽃 뭉치 밑에 암꽃이 달린다. 암꽃은 가시 모양의 총포에 싸여 있으며 암술머리는 짧은 실 모양이다.

줄기: 나무껍질은 세로로 갈라진다.

수꽃

암꽃

잎

열매

줄기

남달리 무성한 잎을 뚫고 벌과 나비가 찾아오게 하려고 꽃이 하늘 위를 보며 핀답니다. 밤꽃에서는 향긋한 꽃 냄새 대신 시큼한 향기가 나요. 하지만 꿀이 많고 꿀의 맛도 질도 아주 훌륭해서 많은 곤충이 밤꽃을 사랑해요.

밤나무는 열매뿐 아니라 목재도 훌륭해요. 단단하고 잘 썩지 않아서 열차가 지나는 선로 아래 까는 굄목으로 밤나무가 가장 많이 쓰여요.

조금만 더

🌰 **너도밤나무(참나무과):** 우리나라 울릉도에서 자라는 특산나무로 작은 도토리 같은 열매가 열린다.

🌰 **나도밤나무(나도밤나무과):** 남부지방에서 자라며 잎 모양이 밤나무와 비슷하나 전혀 다른 무리에 속하는 나무이다.

🌰 **밤나무(참나무과):** 잎 가장자리 침 모양의 톱니에 엽록소가 들어 있어서 녹색이다.

🌰 **상수리나무(참나무과):** 잎 가장자리 침 모양의 톱니에 엽록소가 없어서 갈색으로 보인다.

대추나무

갈매나무과, 풍요로움을 상징하는 느림보 나무

- 잎이 지는 중간키나무, 잎: 달걀 모양
- 꽃: 암수한그루, 연두색, 6월
- 열매: 붉은색, 작은 달걀 모양, 9월

봄이면 나무들은 싹을 틔우고 영양분을 만드느라 바빠요. 하지만 대추나무는 다른 나무들이 잎을 가득 달고 있을 무렵에도 도통 싹틀 기미가 없지요. 잎이 나오기를 기다리다 보면 '지난겨울에 이미 죽은 것은 아닐까?'라는 생각이 들어요. 초여름이 되어서야 간신히 돋아난 잎을 보면 밤나무나 오동나무처럼 큰 잎도 아니고 작고 갸름한 잎 하나 나오는 데 왜 그리 오래 걸렸는지 신기할 정도랍니다.

대추나무는 굉장한 느림보라 '뒷짐을 지고 느릿느릿 걷는 양반'에 빗대어 '양반나무'라고 부르기도 해요. 대추나무 꽃은 잘 보이지 않을 정도로 작지만, 오래도록 많이 피어요. 동그란 초록 씨방 주위에 노란 꿀을 가득 담고 진한 꿀 향기로 벌과 나비를 부르는 모습은 자신감이 넘쳐 보여요.

대추는 '풍요로움의 상징'답게 열매가 많이 열릴 뿐 아니라 쓰임새도 많아요. 대추차에 꿀을 타 마시면 겨울 추위 정도는 거뜬히 물리칠 수 있어요. 또 무더운 여름 삼계탕에 넣는 대추는 우리 몸에 나쁜 독을 없애 주지요. 대추는 열매뿐만이 아니라 씨와 잎도 모두 약의 재료랍니다.

대추나무는 결이 고르고 단단해서 회양목처럼 도장의 재료로 좋아요. 물론 모양을 찍는 틀이나 각종 방망이, 익은 곡식을 두드려 떡으로 만드는 떡메의 재료로도 으뜸이지요.

대추나무의 고향은 유럽 남부와 서남부 아시아예요. 옛날에 사람들의 손길을 타고 먼 우리나라까지 전해졌어요. 대추나무의 고향은 비록 먼 곳이지만 굉장히 친근해요. 집 근처에 심고 가꾸고 돌보며 오랜 시간 쌓은 정 덕분이에요. 그래서 대추나무와 관련된 말이나 속담이 많아요. 대추나무가 아

잎: 잎은 작고 갸름한 달걀 모양으로 윤기가 난다. 잎 가장자리에 둔한 톱니가 있고, 3개의 큰 잎맥이 잎 아랫부분에서부터 시작된다.

열매: 모양은 작은 달걀 모양이고 붉은색으로 익는다.

꽃: 잎이 난 뒤 5~6월이면 꽃잎이 5장 달린 연초록색 꽃이 잎겨드랑이에 2~3개씩 모여 핀다.

줄기: 나무껍질은 회갈색이고 세로로 갈라진다. 가지에 날카로운 가시가 있다.

잎

꽃

열매

꽃

가시

줄기

주 단단한 것에 빗대어 '모질고 독한 사람'을 '대추방망이' 같은 사람이라고 해요. 또 키가 작으면서도 성격이 야무지고 단단한 사람을 '대추씨 같은 사람'이라고 하기도 하지요.

대추나무가 들어간 말이지만 좋지 않은 말도 있어요. 예를 들어 '주위의 이 사람 저 사람에게서 돈을 마구 빌려 여기저기에 빚을 많이 진 것'을 '대추나무에 연 걸리듯'이라고 해요. 대추나무에 한번 걸린 연은 잘 떨어지지 않아요. 가지에 있는 가시들 때문이지요. 그래서 겨울철 연날리기 할 무렵이면 바람에 나부끼는 연들을 대롱대롱 매단 대추나무를 자주 볼 수 있어요.

대추나무 가운데는 묏대추나무처럼 우리나라에서 저절로 자라는 나무도 있어요. 하지만 열매에 신맛이 많이 나서 대추나무처럼 일부러 심고 가꾸지 않아서 자주 볼 수 없답니다.

 조금만 더

🌰 **묏대추나무(갈매나무과):** 우리나라에서 저절로 자라며 키가 작고 열매가 거의 둥글고 씨가 굵다. 과육이 적고 신맛이 많이 난다.

🌰 **대추나무(갈매나무과):** 유럽 중부와 서남부 아시아가 고향이다. 키가 크고 열매가 타원 모양이고 과육이 많고 달다.

개암나무

자작나무과, 도깨비를 놀라게 한 나무

· 잎이 지는 작은키나무, 잎: 달걀 모양

· 꽃: 암수한그루, 암꽃은 자주색, 달걀 모양,
　수꽃차례는 노란색, 꼬리 모양, 3~4월

· 열매: 갈색, 둥근 모양, 10월

개암나무는 〈도깨비방망이〉라는 전래동화에 나와요. 개암 덕분에 부자가 되는 이야기예요. 마음씨 착한 아우가 산에서 나무를 하다 여러 개의 개암을 주워요. 식구들이랑 먹으려고 주머니 속에 넣고 돌아오다가 그만 길을 잃고 말았어요. 고생 끝에 쉬려고 찾은 빈 집이 하필 도깨비들의 놀이터였지요. 너무 배고파서 주머니에 넣어 둔 개암을 꺼내 먹었는데, 도깨비들은 개암 열매 깨지는 소리에 깜짝 놀라 도깨비방망이를 두고 가요. 아우는 도깨비방망이 덕분에 큰 부자가 되지요.

개암 열매는 밤처럼 단단하고 고소해요. 게다가 향도 근사해요. 개암 향이 궁금하다면 헤이즐넛 커피를 떠올려 보세요. 헤이즐넛 커피는 헤이즐넛 향료를 넣은 커피로 향이 달콤하고 부드러워요. 헤이즐넛 향료는 바로 열대개암나무에서 뽑아 낸 것이랍니다.

개암나무는 햇빛이 잘 드는 숲 가장자리 어디서나 만날 수 있어요. 개암나무 잎은 서로 어긋나서 나고 넓은 달걀 모양이에요. 어린잎 표면 가운데에 붉은 무늬가 있지요. 왜 어린잎에만 붉은 무늬가 있는 걸까요?

잎이 없어지면 나무에 필요한 영양분을 만드는 공장이 사라지는 것과 같아요. 잎을 만드는 데 들어간 노력이 고스란히 물거품이 되는 셈이지요. 아직 어린잎은 먹기 좋을 만큼 부드러워요. 그래서 동물이 함부로 먹지 못하게 막아야 해요. 간단하게 말해 겁을 주기 위해 붉은 무늬를 만들어 놓은 것이에요.

개암나무는 이른 봄 잎도 돋지 않은 가지에 꽃이 먼저 피어요. 개암나무는 수꽃과 암꽃을 한 나무에서 볼 수 있지요. 어린 개암나무 열매는 잎처럼

꽃: 수꽃 뭉치는 꼬리 모양으로 길게 늘어지고 노란빛으로 핀다. 암꽃은 달걀 모양으로 붉은색으로 피며 곧게 선다.

열매: 둥글며 갈색으로 익고 잎처럼 생긴 포가 열매를 감싼다.

잎: 달걀 모양으로 고르지 않은 톱니가 있고 어린잎 표면 가운데 자주색 무늬가 있다.

줄기: 여러 포기의 나무가 자라는 것처럼 여러 개의 가지가 난다.

수꽃

암꽃

잎

줄기

열매

열매

생긴 큰 포에 싸여 있어요. 잎 모양의 포로 어린 열매를 싸 놓은 것은 잎으로 착각하게 만들기 위한 것이지요.

그래서 열매가 단단하게 익어 가면 모자챙을 올리듯이 포를 접어 올려요. 아직 덜 익은 개암나무 열매는 마치 초록 모자를 귀엽게 쓰고 있는 아기 얼굴 같아요. 개암나무는 어린 열매의 생김새뿐 아니라 누가 따 먹을까 봐 잎새 뒤에 숨겨 열매를 키우는 모습도 사랑스럽답니다.

 조금만 더

🌰 **개암나무(자작나무과):** 잎은 달걀 모양으로 잎 가장자리가 깊게 패여 있고 고르지 않은 톱니가 있다. 열매는 둥글고 잎같이 생긴 포에 싸여 있다.

🌰 **참개암나무(자작나무과):** 잎은 달걀 모양으로 가장자리에 겹톱니가 있고, 잎 뒷면 맥 위에 털이 모여 있다. 열매는 씨가 들어 있는 밑부분은 굵고 통처럼 생겼고, 윗부분은 급히 좁아져 마치 호리병같이 보이며, 털이 많다.

🌰 **물개암나무(자작나무과):** 잎은 넓은 타원 모양으로 겹톱니가 있다. 열매는 긴 총포가 꼭꼭 싸고 있는데, 총포의 위아래 굵기가 비슷하며, 총포 끝에 톱니가 있다. 총포에 난 털이 피부에 박히면 아프다.

산사나무

장미과, 빨간 열매가 아름다운 나무

· 잎이 지는 중간키나무, 잎: 달걀 모양

· 꽃: 암수한그루, 흰색, 5월

· 열매: 빨간색, 둥근 모양, 9~10월

가을이면 동글동글 동전만 한 붉은 열매를 가득 달고 있는 나무를 볼 수 있어요. 누구나 공원이나 정원에서 한 번쯤은 봤을 만한 나무이지요. 바로 산사나무예요. 한자로는 '산사목(山査木)', 우리말로는 '아가위나무'라고 해요.

산사나무는 5월이면 어김없이 흰 꽃송이가 나무 가득 달려요. 5월에 화사하게 꽃을 피우는 산사나무를 서양에서는 '메이 플라워(May flower)'라고도 부른답니다. 또한 '악마를 쫓는 식물'이라고 여겨요. 산사나무 가지에 있는 날카로운 가시가 악마를 쫓는다고 생각했기 때문이에요. 옛날 우리 조상도 나쁜 귀신을 쫓으려고 집 울타리로 산사나무를 많이 심었어요. 문화와 사는 곳은 달라도 사람들의 생각이 비슷한 것을 보면 참 신기해요.

산사나무는 흙이나 장소를 가리지 않고 잘 자라는 편이라 우리나라 어디서나 볼 수 있어요. 햇볕을 좋아하고 추위에도 강하며 무엇보다 뿌리 내리는 힘이 강해서 한 그루를 심으면 자연스럽게 무리를 지어 자라요.

5월에 피는 꽃은 희고 사랑스럽지요. 한 꽃대에 우산 모양으로 꽃 몇 송이가 둥글게 모여 피어요. 산사나무는 흰 꽃도 아름답지만, 잎도 참 멋져요. 한 번도 산사나무 잎을 본 적이 없다면 국화잎을 떠올려 보세요. 산사나무 잎은 국화잎처럼 가장자리가 5~9갈래로 갈라져 있어요. 물론 가장자리에는 잔 톱니도 있지요.

붉게 익은 열매를 나무 가득 달고 있는 모습은 꼭 예쁜 꽃들이 활짝 핀 것 같아요. 산사나무 열매는 자세히 보면 동그란 열매 위에 배꼽이 붙은 것 같이 생겼어요. 산사나무 열매는 보기에 고울 뿐 아니라 추운 겨울 날씨에

잎: 달걀 모양으로 가장자리가 5~9개로 깊게 갈라지고 잎 표면은 윤기가 난다.

열매: 둥근 모양으로 붉은색이다.

꽃: 꽃잎이 5장으로 하얗게 피며 한 꽃대에 우산처럼 둥글게 달린다.

줄기: 나무껍질은 회갈색으로 어릴 때는 매끄럽지만, 나이가 들면 세로로 갈라진다. 어린 가지에는 가시가 있다.

잎과 열매

꽃

열매

줄기

도 떨어지지 않고 오래도록 달려 있어 새들의 좋은 먹이가 된답니다.

　새뿐 아니라 사람에게도 산사나무 열매는 좋은 먹을거리예요. 열매를 햇빛에 말려 차로 마시기도 하고, 설탕에 조려 잼을 만들어 먹기도 해요. 산사나무 열매는 위를 튼튼하게 하고 소화가 잘되게 해 주는 약으로도 쓰여요. 특히 산사나무 열매로 담근 산사주는 매일 조금씩 먹으면 좋아요.

　산사나무는 잎도 예쁘고, 꽃도 아름답고, 가을에 빨갛게 익는 열매도 아름다워 요즈음에는 공원이나 정원에 많이 심고 있어요. 혹시 산사나무와 비슷하지만 조금은 다른 나무를 발견했다면 미국산사나무가 아닌지 따져 보세요.

 조금만 더

🌰 **미국산사나무(장미과):** 달걀 모양 잎으로 가장자리에 예리한 톱니가 있다. 산사나무와 비슷하나 큰 가시가 많고 열매 표면에 흰 반점이 없다.

🌰 **산사나무(장미과):** 잎이 달걀 모양인 것은 같지만 가장자리가 5~9개로 깊게 갈라지며 윤기가 난다.

노린재나무

노린재나무과, 노란 물감이 나오는 나무

- 잎이 지는 작은키나무, 잎: 달걀 모양
- 꽃: 암수한그루, 흰색, 5월
- 열매: 남색, 타원 모양, 9월

숲속을 걷다 보면 큰 나무 아래 자리 잡은 노린재나무를 만날 수 있어요. 다른 나무들은 빛을 조금이라도 더 받으려고 위로 쭉쭉 자라는데, 노린재나무는 가지를 옆으로 뻗어요. 스며들어오는 햇볕을 조금이라도 더 잡기 위해 옆으로 가지를 쫙 뻗어 놓은 것이랍니다. 남들이 노리지 않는 틈을 노리다니 굉장하지 않나요?

노린재나무는 추위에 강하고 물이 부족한 곳에서도 공기가 더러운 곳에서도 잘 자라요. 게다가 키도 자그마하고 꽃이 귀여워서 정원에서 기르기에는 더할 나위 없이 좋아요. 물론 가을이면 노랗게 물드는 잎도 제법 아름답지요.

노린재나무는 '노란 잿물이 나오는 나무'라고 하여 붙여진 이름이에요. 노린재나무를 태워서 얻은 재를 물에 담가 두면 물이 노랗게 변해요. 옛날에는 자줏빛 옷감을 얻기 위해서는 반드시 노린재나무를 태운 재가 필요했어요. 노린재나무 재는 꼭두서니 뿌리를 비롯한 자줏빛을 내는 재료들의 매염제로 쓰이기 때문이에요. 매염제란 옷감에 물이 잘 들도록 도와주는 약을 말하지요. 알맞은 매염제는 재료의 빛깔이 옷감에 얼룩 없이 쉽게 잘 스며들게 해요. 또한 빛깔이 바래거나 빠지지 않고 오래도록 갈 수 있도록 도와주지요.

노린재나무는 키가 작고 줄기도 가늘지만 쓸모가 굉장히 많아요. 나뭇결이 곱고 다루기가 쉬워서 호미나 낫 같은 농기구의 손잡이뿐 아니라 도장을 새길 때도 사용해요. 또한 노린재나무 잎은 자꾸 화장실에 오가게 만드는 이질이나 위가 아픈 위궤양을 고쳐 주고, 뿌리는 열을 내려 줘요.

 **관찰해 볼까요?**

잎: 달걀 모양으로 가장자리에 작은 톱니가 있다. 잎자루가 길지 않다.

열매: 콩알 크기 정도로 둥글며 남색으로 익는다.

꽃: 꽃잎은 5장으로 하얗게 피고, 수술이 많고 길어 꽃잎 위로 수북하게 올라온다.

줄기: 나무껍질은 세로로 갈라지고 가지가 퍼져 난다.

잎

꽃

잎과 열매

열매

봄꽃들이 화려하게 피어나 생명의 잔치가 끝나고 나면 숲은 조용한 느낌마저 들어요. 노린재나무 꽃은 그 무렵 피어나요. 꽃이 드문 철이다 보니 새 가지 끝에 하얗게 피어나는 꽃이 특별히 눈길을 끌지요. 노린재나무 꽃은 수술이 많고 길어서 꽃잎 위로 수북하게 올라앉은 모습이 마치 몽글몽글한 솜뭉치 같아요. 그래서 꽃이 피면 가지가 온통 눈으로 덮인 것 같아요. 노린재 꽃은 보기에도 복스러울 뿐 아니라 은은한 향기까지 난답니다.

꽃이 지고 나면 약간 찌그러진 달걀 모양의 8mm 정도 되는 열매가 맺혀요. 갓 열린 열매는 못생긴 듯이 보이지만, 가을이면 아주 신비로운 짙은 푸른색으로 익어요. 한 번 본 사람은 노린재나무 열매만의 멋진 푸른빛을 잊을 수 없을 정도예요.

노린재나무도 다른 나무들처럼 여러 종류가 있어요. 모두 생김새가 비슷하지만, 익은 열매의 빛깔을 보면 이름을 알 수 있답니다. 검노린재나무는 열매가 검은색으로 익어요. 흰노린재나무는 강원도 지방에서 자라고 열매가 흰색으로 익어요.

조금만 더

🌰 **검노린재나무(노린재나무과)**: 우리나라 남부 산지에서 자라고 열매가 익으면 색이 검게 변한다.

작살나무

마편초과, 보랏빛 열매로 가을을 빛내는 나무

· 잎이 지는 작은키나무, 잎: 타원 모양

· 꽃: 암수한그루, 분홍색, 6~7월

· 열매: 자주색, 둥근 모양, 9~10월

작살나무는 나뭇가지가 정확하게 세 갈래로 갈라진 모습이 마치 작살처럼 보여서 붙여진 이름이에요. 작살은 단단한 나무에 포크처럼 세 갈래로 갈라진 쇠붙이를 달아 고기를 잡는 데 쓰는 도구예요.

작살나무는 산허리나 산기슭에서 쉽게 볼 수 있어요. 특히 포도송이같이 송이송이 달리는 보랏빛 열매가 아름다워 '아름다운 열매'라는 뜻에서 '뷰티 베리(Beauty berry)'라고 해요. 작살나무는 예뻐서 요즘 이곳저곳에 심어요. 덕분에 자주 만날 수 있는 나무가 됐답니다.

작살나무 열매는 가을이면 초록에서 보랏빛으로 바뀌어요. 나뭇가지에 구슬 모양의 작은 열매들이 송이송이 달려 있는 모습은 참으로 신비한 아름다움을 자아내지요. 작살나무 열매는 새들에게 좋은 먹이가 될 뿐만 아니라 꽃꽂이의 소재로도 많이 사용된답니다.

모든 나무들이 꽃을 피우거나 잎을 키우느라 바쁜 계절에도 작살나무는 빈 가지만 달랑 달고 있어요. 겨울 동안 죽었나 보다 하고 포기하고 바라보고 있자면 5월 초 슬금슬금 싹이 나오지요. 늦게 싹이 돋은 탓인지 7월 말쯤은 되어야 꽃이 피어요. 작살나무 잎겨드랑이에서 작은 꽃들이 피어나는 모습을 보면 정말 멋져요. 작살나무 꽃은 아주 작은 분홍색으로 아랫부분은 붙어 있고 윗부분은 다섯 갈래로 갈라진 통꽃이에요. 그리고 노란 수술 4개가 꽃잎 위로 길게 올라와 있지요. 작살나무 꽃은 여러 송이가 모여서 피는데도 잎보다 키가 아주 작아요. 하지만 아름답고 향기로워요.

꽃은 가지 밑에서부터 피기 시작해 차츰 위로 올라가며 피어요. 열매는 모든 꽃이 다 진 다음에 한꺼번에 달리는 것이 아니라 가지 밑에서부터 꽃

잎: 타원 모양으로 가장자리에 톱니가 있다.

줄기: 키가 작고 가늘며 회갈색으로 여러 가닥이 한꺼번에 돋아 난다.

꽃: 윗부분이 5개로 갈라진 통꽃으로 분홍 꽃 밖으로 노란 수술이 길게 올라온다.

열매: 지름이 3mm 정도 동그란 자줏빛으로 익는다.

잎

꽃

꽃

열매

이 피는 순서와 마찬가지인 꽃이 지는 순서대로 달리기 시작해요. 가지 밑쪽에서 열매가 맺히는 동안 가지 위쪽으로는 새로운 꽃들이 계속 피는 셈이지요. 꽃이 아래에서 위로 피는 속도와 열매가 맺히는 순서가 비슷해서 갓 맺은 열매와 꽃을 한꺼번에 볼 수 있어요. 남보다 늦게 꽃을 피우다 보니 열매를 맺을 시간이 부족할까 봐 서둘러 열매들을 맺는 것 같아요.

　작살나무의 사촌이라고 할 수 있는 좀작살나무는 열매 크기가 작살나무보다 더 작아서 '좀'작살나무라는 이름이 붙었어요. 좀작살나무는 작살나무보다 열매가 더 많이 달리고 열매의 빛깔도 더 진해요.

 조금만 더

🌰 **작살나무(마편초과):** 잎 가장자리에 톱니가 있고, 열매가 성기게 달린다. 주로 산에서 자란다.

🌰 **좀작살나무(마편초과):** 중부 이남 산에서 사는 작은키나무로 잎 가장자리 밑부분 3분의 1 지점부터 톱니가 있다. 작살나무보다 열매가 조금 더 촘촘하게 달려서 공원이나 정원에 더 자주 심는다.

🌰 **흰작살나무(마편초과):** 꽃과 열매가 흰색이다.

누리장나무

마편초과, 지독한 냄새로 접근 금지 신호를 보내는 나무

- 잎이 지는 작은키나무, 잎: 세모 모양의 넓은 달걀 모양
- 꽃: 암수한그루, 흰색, 8월
- 열매: 남색, 둥근 모양, 10월

숲길을 걷다가 누린내가 나는 큰 세모 모양의 잎을 단 나무를 봤다면 틀림없이 누리장나무예요. 누리장나무는 나뭇가지와 잎에서 누린내가 나서 이름도 누리장나무이지요. 좋지 못한 냄새 때문에 '구릿대나무'라고도 불러요. 누리장나무를 한 번이라도 만지고 나면 다시 건드리고 싶지 않은 마음이 저절로 들지요. 정말 강력한 무기이지요?

누리장나무는 숲 가장자리나 계곡 등 햇빛이 잘 드는 곳에서 잘 자라요. 보통 5월 초에 싹이 나지만 어찌나 느릿느릿 자라는지 7월 중순은 되어야 큰 잎이 되지요. 햇빛을 이용하는 능력이 뛰어난 겹잎도 아니면서 배짱이 대단하다는 생각이 절로 들어요.

무더운 8월이면 가지 끝에 하얀 꽃을 가득 피워요. 누리장나무 꽃은 꽃이 드문 여름 숲에 피어나다 보니 지나는 사람의 눈길을 더욱더 끌지요. 꽃향기가 얼마나 진한지 가까이 가면 꽃향기에 취할 정도예요. 진한 이 꽃향기로 벌, 나비를 확실하게 불러들인답니다.

암술대와 수술대가 꽃 밖으로 길게 나와 있는 모습은 정말 신기해요. 꽃이 활짝 피면 위로 향하고 있던 4개의 수술이 먼저 꽃밥을 터뜨려요. 제 역할을 다한 누리장나무 수술은 2개씩 짝을 지어 서로 반대 방향으로 벌어져요. 같은 나무에 있는 꽃끼리 만나 꽃가루받이가 되면 건강한 씨앗을 만들수 없어요. 그래서 암술에 자기 꽃가루를 묻히지 않으려고 최대한 멀리 떨어진 것이랍니다.

다른 식물보다 늦게 맺은 씨앗이라 그런지 누리장나무는 씨앗을 아주 잘 보호해요. 꽃통이 길어서 씨가 될 밑씨를 잘 감싸고 있으면서도 불안해

잎: 큰 세모 모양이 나는 넓은 달걀 모양으로 가장자리에 얕은 톱니가 있고 양면에 털이 있어서 폭신한 감촉이 나며 누린내가 난다.

줄기: 회갈색으로 껍질눈이 발달해 있다.

꽃: 꽃은 흰색으로 꽃받침이 붉은색, 암술대와 수술대가 아주 길다.

열매: 붉은 꽃받침 위에 동그란 모양의 진한 남색 열매가 맺힌다.

잎

꽃

꽃

열매

열매

서 꽃받침까지 밑씨를 아주 단단히 잡고 있지요. 심지어 꽃이 진 뒤에도 약 1cm쯤 되는 빨간 꽃받침이 오래도록 붙어 있어서 씨를 지켜요.

누리장나무의 꽃받침은 두껍고 질겨지면서 왁스를 칠한 것처럼 반들반들 윤이 나요. 만져 보면 마치 고무 같아요. 마침내 열매가 잘 익어 꽃받침이 뒤로 젖혀지면 붉은 꽃받침에 싸여 있던 진한 남색 열매가 고운 모습을 드러내지요. 붉은 꽃받침은 새들을 유혹해서 씨앗이 퍼지는 것을 도와요. 끝까지 온 힘을 다해 열매를 키우고 지키는 누리장나무의 듬직한 모습에 박수를 보내고 싶어져요. 진한 남색 열매와 어우러진 빨간 꽃받침이 아름답다 보니 가을에 더욱 눈길을 끈답니다. 잎이면 잎, 향기면 향기, 꽃이면 꽃, 심지어 열매까지 남다르다니 정말 대단하지요?

누린 냄새를 풍기는 나무의 대표가 누리장나무라면 누린 냄새를 풍기는 풀의 대표는 누린내풀이라고 할 수 있어요.

 조금만 더

🌰 **누린내풀(마편초과)**: 누린내풀은 누리장나무와 같은 가족에 속하는 여러해살이풀이다. 우리나라 중부 이남의 산과 들에서 자라며 꽃이 필 때 냄새가 더욱 강하게 난다.

겨울을 지키는 나무

소나무

소나무과, 나무의 우두머리

- 늘푸른 큰키나무, 잎: 바늘 모양

- 꽃: 암수한그루, 수꽃차례는 연한 노란색, 타원 모양,
  암꽃차례는 붉은색, 달걀 모양, 5월

- 열매: 진한 갈색, 달걀 모양, 다음해 9~10월

소나무는 언제나 늘 푸른빛이 아름다운 뾰족한 잎을 가졌어요. 소나무처럼 뾰족한 잎을 가진 나무를 '바늘잎나무' 또는 '침엽수(針葉樹)'라고 해요. 침엽수는 '침'처럼 뾰족한 잎을 가진 나무랍니다.

소나무의 가지와 열매를 '솔가지', '솔방울'이라고 불러요. '솔'은 '으뜸', '우두머리'를 말해요. 소나무의 본래 이름은 '솔나무'로 '나무 중에서 으뜸', '우두머리가 되는 나무'라고 할 수 있지요.

옛날 사람들은 태어나서 죽는 순간까지 소나무와 함께 했어요. '사람이 태어나면 금줄에 솔가지를 매달아 나쁜 기운을 쫓아내고, 소나무로 만든 집에서 살다가, 죽으면 소나무로 만든 관에 들어가서, 소나무가 있는 산에 묻힌다.'라는 말이 있을 정도랍니다.

소나무 잎에는 다른 나무에 비해 훨씬 많은 피톤치드가 있어요. 피톤치드에는 썩거나 상하는 것을 막고 나쁜 균을 죽이며 종이나 옷감을 하얗게 만드는 힘이 있어요. 추석 때 먹는 송편은 '솔잎을 깔아 찌는 떡'을 말해요. 솔잎을 깔고 떡을 찌면 떡이 오래도록 상하지 않아요. 솔잎에 피톤치드가 많기 때문이에요. 소나무를 가까이 할수록 우리 몸이 점점 더 건강해져요.

소나무도 다른 나무들처럼 꽃이 피어요. 5월이 되면 새순에 연노란 수꽃이 다닥다닥 피어나요. 소나무 수꽃이 피면 엄청난 양의 노란 꽃가루를 바람에 날려요. 소나무 꽃가루를 송홧가루라고 해요. 송홧가루에 꿀을 섞어 반죽해서 예쁜 틀에 찍어내면 우리나라 전통 과자인 다식이 되지요. 소나무가 단번에 많은 양의 꽃가루를 날려 보내는 것은 조금이라도 많은 암꽃에 꽃가루를 뿌리기 위함이랍니다.

잎: 바늘잎이 2개씩 모여난다.

꽃: 수꽃차례는 새 가지에 타원 모양으로 피며 연한 노란색이다. 암꽃차례는 새 가지 끝에 붉게 핀다.

줄기: 나무껍질이 붉고 거북이 등처럼 갈라져 있으며 조각조각 떨어진다.

열매: 짙은 갈색 원뿔 모양의 열매로, 열매조각 사이에 날개 달린 씨앗이 들어 있다.

수꽃

암꽃

줄기

열매

열매

사방에 꽃가루가 사라지고 수꽃이 시들 무렵 새순 끝에서 암꽃 송이가 피어나요. 뒤늦게 피어난 암꽃은 다른 나무에서 날아오는 꽃가루를 받으려고 노력하지요. 솔방울은 꽃가루받이가 이루어지자마자 그해 바로 익지 않고 그다음해 10월 정도는 되어야 익어요. 날씨가 맑고 좋은 날을 골라 솔방울을 열고 씨앗을 날려 보내요. 한 개의 솔방울이 익으려면 2년이라는 시간이 필요한 셈이지요.

소나무는 꽃가루받이가 끝나면 새 가지에서 잎이 돋아나요. 밤이면 잎을 살짝 오므려 에너지 낭비를 막고, 비 오는 날에도 솔잎을 가지런히 모아 빗방울이 빨리 떨어지게 해요. 알뜰살뜰 돌보는 소나무의 정성 덕분에 새 가지는 여름이 지나면 어느새 겨울을 견디어 낼 수 있는 튼튼한 가지로 변한답니다.

애국가 2절에서 "남산 위에 저 소나무 철갑을 두른 듯 바람 소리 불변함은 우리 기상일세."라는 가사가 있어요. 잘 자란 소나무의 줄기는 정말 '철로 된 갑옷' 같아요. 소나무 줄기는 철갑 같을 뿐 아니라 끈끈해요. 소나무가 끈끈한 것은 송진 때문이에요. 송진은 소나무가 자기 몸에 난 상처를 막고자 만들어 내는 반창고 같은 물질이랍니다. 송진 덕분에 소나무 목재로 지은 집은 기둥이 습기에 강하고 뒤틀리지 않으며 벌레가 먹지 않아서 오랫동안 변하지 않아요. 그래서 옛날 궁궐을 지을 때는 꼭 소나무 목재만 사용했어요.

소나무 종류가 지구 위에 처음 나타난 것은 대략 1억 7천만 년쯤 전이라고 해요. 우리나라에는 대략 6천 년 전쯤에 나타나서 3천 년 전쯤부터는 더욱 많이 자라기 시작했답니다. 우리나라에서는 아주 추운 지대를 빼면 어디서든지 잘 자라나, 남쪽 제주도 한라산에서 북쪽 백두산에 이르기까지 우리나라의 가장 넓은 면적을 차지하면서 자라는 나무가 바로 소나무예요.

사실 소나무는 자기들이 터를 잡고 있는 땅에 누가 들어와 사는 것을 싫어하는 깍쟁이예요. 소나무는 다른 식물들이 잘 자라지 못하도록 잎과 뿌리에서 특별한 화학 물질을 분비해요. 이 물질은 흙 속에 독성을 만들어 다른 식물의 씨앗이 싹트는 것을 방해해요. 솔잎이 뒤덮인 소나무 아래의 땅에 다른 식물들이 잘 자라지 못하는 것은 바로 이 때문이에요. 그래서 소나무는 때로 울창한 숲을 이루며 무리를 지어 자라지요.

그런데 요즘 들어 점점 산에서 소나무를 만나기가 어려워지고 있어요. 소나무가 잘 자라려면 햇빛이 많이 필요해요. 그런데 참나무와의 햇빛 받기 경쟁에서 적은 빛으로도 잘 자라는 참나무에게 밀려나고 있어요. 또한 지구온난화로 날씨가 점점 더워져서 50년 뒤에는 서울에서 소나무를 보기가 힘들어질지도 모른대요.

'소나무'라는 이름을 들으면 누구나 한 가지 모습을 떠올리지만 사실 소나무는 종류가 굉장히 다양하지요.

🌰 **소나무(소나무과):** 한 곳에서 바늘잎이 2개씩 모여 나오며, 나무껍질이 붉은색이다.

🌰 **반송(소나무과):** 한 곳에서 바늘잎이 2개 나오지만, 줄기가 한 줄기로 곧게 올라가지 않고 반씩 갈라져 나무 모양이 둥글게 반원을 만든다.

🌰 **곰솔(소나무과):** 한 곳에서 바늘잎이 2개 나오지만, 소나무보다 잎이 뻣뻣하고 나무껍질이 검은색으로 곧게 자란다. 주로 해안가에서 자란다.

🌰 **금강송(소나무과):** 한 곳에서 바늘잎이 2개 모여난다. 나무껍질이 소나무보다 더 붉고 줄기가 곧게 높이 자란다. 강원도와 경상북도에서 주로 자라고 강송 또는 춘양목이라고도 부른다.

🌰 **리기다소나무(소나무과):** 한 곳에서 바늘잎이 3개 나오며, 줄기에 수염이 달린 듯 잎이 많이 나오는 것이 특징이다. 미국이 고향이다.

🌰 **백송(소나무과):** 나무껍질이 흰빛이 돌아 백송이라고 부른다. 한 곳에서 바늘잎이 3개 나오며 나무껍질이 큰 비늘처럼 떨어진다. 중국이 고향이다.

잣나무

소나무과, 아주 특별한 우리 소나무

· 늘푸른 큰키나무, 잎: 바늘 모양

· 꽃: 암수한그루, 수꽃차례와 암꽃차례 모두 붉은빛 나는 연두색, 5월

· 열매: 짙은 갈색, 긴 달걀 모양, 다음해 10월

잣나무는 영어로 '코리안 파인(Korean pine)'이라고 불러요. 코리안 파인이란 '한국 소나무'라는 뜻이지요. 소나무와 잣나무는 생김새가 비슷해 보이지만 잎의 개수만 세어 보아도 쉽게 구별할 수 있어요. 소나무는 잎이 한 곳에서 2개 나오고, 잣나무는 모두 한 곳에서 바늘잎이 5개 나오거든요.

잣나무 잎은 온통 아주 진한 녹색 같지만, 사실 잎 뒷면에 흰 선이 있어요. 잣나무 잎의 흰 선은 나무 안의 필요 없는 물기를 뿜어내고 공기 속에서 이산화탄소를 빨아들이는 숨구멍이에요. 덕분에 겉보기와 달리 만져 보면 거칠거칠한 느낌이 들어요.

잣나무는 추운 지방에서 자라는 나무이기 때문에 따뜻한 남쪽 지방에서는 열매를 잘 맺지 못한답니다.

잣나무는 잎도 멋지지만, 잣나무 하면 누구나 잣을 가장 먼저 떠올려요. 잣은 잣나무 씨앗이에요. 고소한 맛으로 사람뿐 아니라 동물에게도 인기가 높아요. 커다란 잣송이 열매조각 사이사이에 잣이 하나씩 들어 있어요. 잣이 들어 있는 큰 잣송이 열매조각 사이사이엔 끈적끈적한 송진이 차 있지요. 잣을 손에 넣기가 쉽지 않겠지요? 잣송이 안의 송진은 잣을 지키기 위한 보디가드랍니다.

하지만 잣을 좋아하는 청설모는 잣송이를 아주 능숙하게 잘 다룰 줄 알아요. 튼튼한 이빨로 송진이 나오는 부분을 자르고 다듬어서 속에 있는 잣을 쏙쏙 빼먹는 모습은 입이 쩍 벌어질 지경이에요.

잣나무는 줄기가 굽는 일이 거의 없이 한 줄기로 곧게 자라요. 그런데 잣나무 숲을 보면 두세 줄기로 자라는 나무들을 볼 수 있어요. 생장점에 상처

꽃: 수꽃차례는 새 가지 아래쪽에 달걀 모양으로 5~6개씩 달리고, 암꽃차례는 달걀 모양으로 새 가지 끝에 2~5개 달린다. 모두 연한 연둣빛에 붉은빛이 돈다.

열매: 길이 12~15cm 되는 긴 달걀 모양으로 열매조각 끝이 뒤로 젖혀진다. 씨앗은 일그러진 세모 모양으로 날개가 없다.

잎과 줄기: 바늘잎이 한 곳에서 5개 모여난다. 나무껍질은 검은 갈색으로 조각조각 떨어진다.

수꽃

암꽃

씨앗

싹

열매

가 난 나무들이지요. 잣송이는 생장점이 있는 나무 꼭대기에 달려요. 잣이 높은 곳에 달리면 따기가 아주 어려워요. 하지만 나무 꼭대기 생장점에 상처가 나면 줄기가 갈라져 자라게 되고 또 키가 높이 자라지 못하게 되어 열매를 따기 쉬워지게 되지요.

잣나무 목재는 아름답고 향기가 있는 데다 가볍고 부드러워 다양한 모양을 내기가 쉬워서 고급 건축재와 가구재로도 많이 사용해요.

조금만 더

🌰 **잣나무(소나무과)**: 바늘잎이 한 곳에서 5개씩 모여난다. 큰 잣송이 열매가 달리고 씨앗에 날개가 달리지 않는다.

🌰 **섬잣나무(소나무과)**: 바늘잎이 5개씩 모여 나고 길이가 3.5~6cm 정도로 잣나무 잎보다 짧다. 열매도 길이가 짧고 씨앗에 날개가 달렸다. 울릉도에서 자생하는 우리나라 특산나무이다.

🌰 **스트로브잣나무(소나무과)**: 미국이 고향이다. 바늘잎이 5개씩 모여난다. 잣나무보다 잎이 가늘고 부드러워서 밑으로 늘어진다. 어린 나무는 나무껍질이 매끄럽다. 열매는 긴 원통 모양으로 씨앗에 날개가 있다.

전나무

소나무과, 언제나 푸른 마음을 간직한 나무

· 늘푸른 큰키나무, 잎: 짧은 바늘 모양

· 꽃: 암수한그루, 암꽃차례는 원통 모양,
  수꽃차례는 연둣빛 나는 갈색, 타원 모양, 5월

· 열매: 짙은 갈색, 원통 모양, 10월

전나무의 원래 이름은 '젓나무'였어요. 전나무 솔방울에서 흘러내리는 송진의 모습이 마치 갓난아기가 먹는 엄마의 젖과 같다고 해서 붙여진 이름이라고 해요. '젓나무'를 소리 나는 대로 쓰면 '전나무'가 되지요.

전나무는 설악산이나 지리산같이 높은 산에서 잘 자라는 늘푸른 바늘잎나무이에요. 전나무는 30~40m가 될 때까지 굽거나 휨이 없이 곧게 자라요. 하늘을 향해 가지를 뻗는 모습이 마치 두 팔을 벌리고 서 있는 것 같아요.

전나무의 겉모습만 보면 홀로 씩씩하게 잘 자랄 것 같지만, 전나무는 반드시 여러 그루가 함께 모여 살아야 잘 자란답니다. 전나무는 뿌리를 땅속으로 깊게 내리지 않고 옆으로 넓게 뻗어 자라요. 그래서 혼자서 떨어져 자라면 바람이 조금만 불어도 잘 넘어지고 부러지기 쉬워요. 그리고 여러 그루의 아름드리 전나무가 어우러진 모습이 더 멋져요. 하늘을 향해 쭉쭉 뻗은 모습은 보기만 해도 가슴 속까지 시원하게 뻥 뚫리는 것 같지요.

전나무는 씨앗을 오래도록 보호하기 위해 씨앗껍질 속에 특별한 장치를 해 놓았어요. 전나무의 특별 장치는 바로 씨앗껍질 속의 송진이에요. 껍질 속의 송진은 곤충이나 균이 씨앗에 다가가지 못하도록 막아 주지요. 가을에 열매가 익어 바닥에 산산이 떨어지면 전나무 숲은 떨어진 열매조각에서 뿜어져 나오는 진한 향기로 가득해요. 열매조각이나 씨앗을 주워 향기를 맡아 보세요. 진한 휘발유 냄새 같을 거예요. 열매조각과 씨앗에서 나는 향기는 숲 바닥에 떨어지고 난 뒤에도 오래도록 씨앗을 보호해 주지요.

전나무는 공원이나 정원에도 많이 심는데 구상나무와 잎이 닮았어요. 하지만 전나무 잎은 구상나무보다 좀 더 길고 끝이 뾰족하여 잎을 만지면

꽃: 수꽃차례는 타원 모양으로 연둣빛 도는 갈색으로 여러 송이가 모여 핀다. 암꽃차례는 원통 모양으로 2~3개 모여난다.

열매: 10~12cm 정도 되는 긴 원통 모양으로 하늘을 향해 위로 달린다.

잎: 바늘잎의 길이가 약 4cm로 끝이 아주 뾰족하다. 잎 뒷면에 흰 선처럼 보이는 숨구멍이 2개 있다.

줄기: 나무껍질은 잿빛 또는 어두운 갈색으로 거칠다.

수꽃

암꽃

줄기

씨앗

따가워요. 전나무와 독일가문비나무는 둘 다 잎을 만지면 따갑지만, 열매가 달린 모습과 가지의 모습이 달라서 쉽게 구별할 수 있어요.

전나무는 나무 모양이 아름다워 정원에 많이 심어요. 특히 크리스마스 트리로 인기가 좋지요. 하지만 전나무는 환경오염에 아주 약하니 공해가 심한 곳에는 심지 않는 것이 좋아요.

조금만 더

🌰 **전나무(소나무과):** 잎 길이가 구상나무보다 길다. 잎끝이 뾰족하며, 열매가 하늘을 보고 달린다. 나무껍질은 짙은 갈색으로 짧게 갈라지며 거칠다.

🌰 **구상나무(소나무과):** 잎끝이 오목하게 2개로 갈라져 있다. 잎 길이가 약 1cm 정도로 짧으며, 열매가 하늘을 보고 달린다. 나무껍질은 회백색으로 어릴 때는 매끄럽지만, 나이가 먹으면 거칠어진다.

🌰 **독일가문비나무(소나무과):** 잎끝이 약간 뾰족하다. 열매가 아래를 보고 달리고, 가지가 아래로 처진다.

구상나무

소나무과, 크리스마스트리로 최고인 우리 나무

- 늘푸른 큰키나무, 잎: 짧은 바늘잎

- 꽃: 암수한그루, 수꽃차례는 자주색, 타원 모양,
  암꽃차례는 짙은 자주색, 원통 모양, 4~5월

- 열매: 검은빛, 붉은빛, 푸른빛, 원통 모양, 10월

구상나무는 '열매가 하늘을 보는 나무'라는 뜻이에요. 열매를 뜻하는 한자 '구(毬)'와 위를 뜻하는 한자 '상(上)'을 더해 만든 이름이지요. 구상나무는 우리나라에서만 저절로 자라는 소중한 특산식물이에요. 그래서 서양 사람들은 구상나무를 '코리언 퍼(Korean fir)', 즉 '한국 전나무'라고 불러요.

구상나무는 잎이 바늘 모양이라 손을 대면 굉장히 따가울 것 같지만, 잎 끝이 오목하게 들어가 있어 감촉이 매우 부드러워요. 멋진 모습에 부드러움까지 갖췄다니 정말 매력적이지요. 구상나무는 한라산, 덕유산, 지리산과 같이 아주 높은 산에서만 볼 수 있어요.

열매가 검은 자주색이면 검은 구상, 푸른빛이 돌면 푸른 구상, 붉은빛이 아주 많이 돌면 붉은 구상이라고 불러요. 열매는 늦은 가을에 씨앗과 열매 조각이 바람에 날아가고 뼈대만 남지요. 구상나무 열매는 열매조각 끝에 침 모양의 돌기가 뒤로 젖혀져 있어서 돌기 모양을 보고 구상나무와 아주 비슷한 분비나무를 구분할 수 있어요. 분비나무는 열매조각 끝이 뒤로 젖혀지지 않거든요.

열매도 재미있고 잎도 멋지지만, 구상나무가 사람들에게 사랑을 받는 이유는 나무 모양 때문이에요. 구상나무는 멀리서 보면 세모 모양이 참 단정하고 세련되게 보여요. 이 아름다운 나무 모양 덕분에 정원수와 크리스마스트리로 많이 쓰이지요. 특히 세계적으로 가장 많이 팔리고 가장 비싼 크리스마스트리가 구상나무라고 하니 정말 대단하지요?

하지만 구상나무를 우리나라 나무라고 주장할 수 없어요. 외국에서 구상나무를 좀 더 멋진 식물로 새롭게 만들어서 특허 등록을 해 버렸거든요.

관찰해 볼까요?

잎: 길이 0.9~1.4cm의 바늘잎이 돌려난다. 잎 뒤에 흰색의 숨구멍선이 2개 있다. 잎끝이 오목하게 들어가 있다

꽃: 수꽃차례는 타원 모양으로 자주색, 암꽃차례는 긴 달걀 모양으로 짙은 자주색이다.

줄기: 회갈색으로 어릴 때는 매끄럽다가 나이가 들수록 거칠어진다.

열매: 길이 4~6cm 원통 모양이다. 열매조각 끝에 침 모양의 돌기가 뒤로 젖혀진다. 씨앗에 날개가 달렸다.

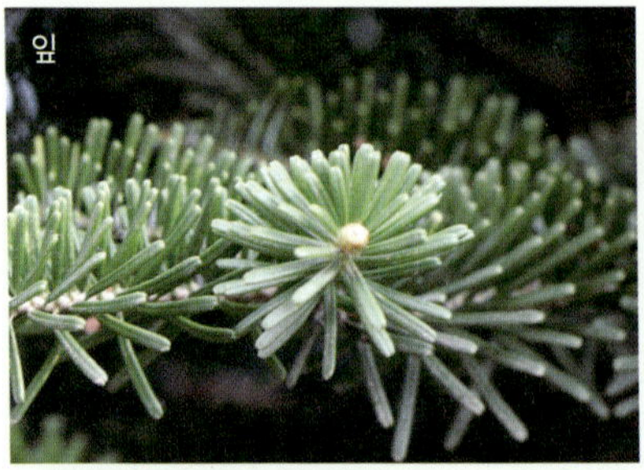
잎

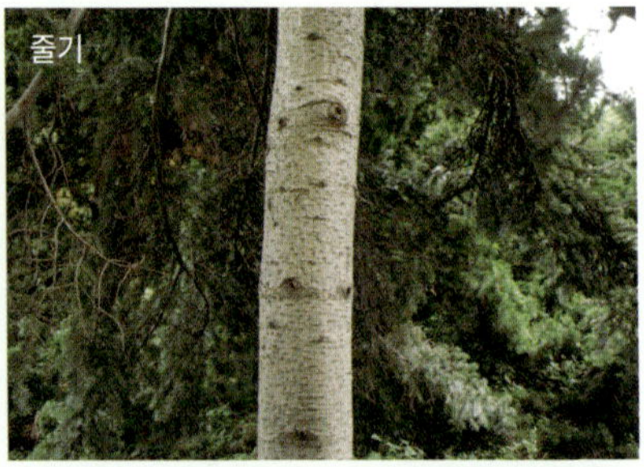
줄기

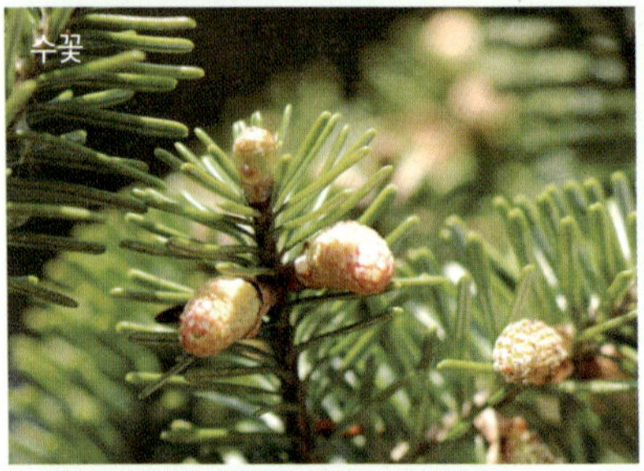
수꽃

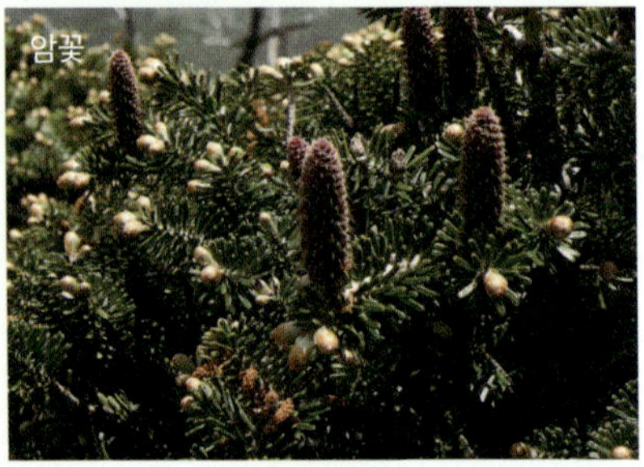
암꽃

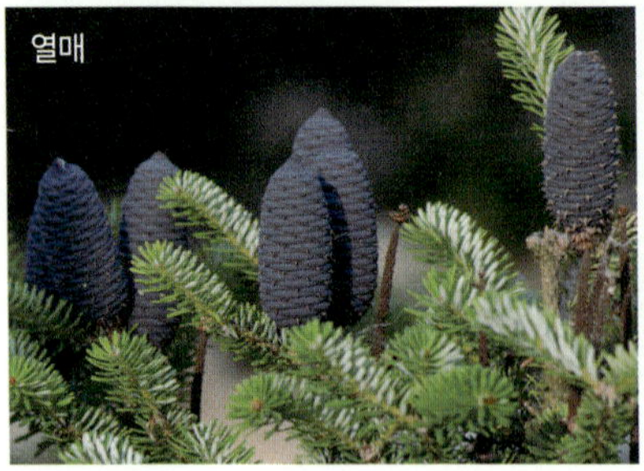
열매

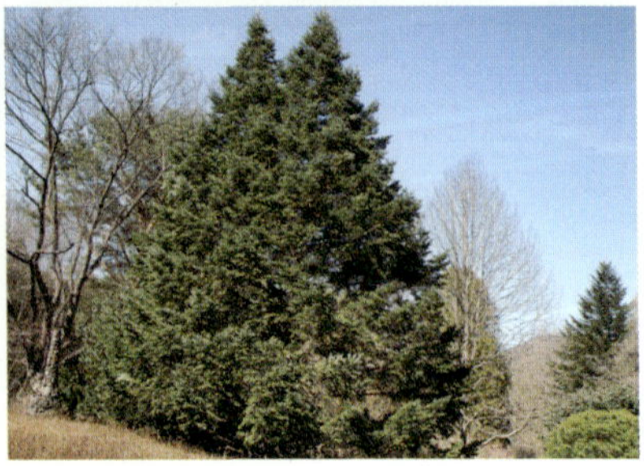

우리나라에서만 자라는 특산식물의 품종이라도 특허 등록이 우리에게 되어 있지 않으면 특허를 등록한 곳에 비싼 돈을 주고 가져올 수밖에 없어요.

구상나무가 국외로 나간 것은 약 100년 전이랍니다. 그때까지만 해도 사람들은 특산식물의 중요성을 잘 모르고 있었어요. 그래서 주인인 우리도 모르는 사이에 구상나무가 국외로 실려 나갔고, 외국 사람들의 손에서 새롭게 태어나게 된 거예요.

안타깝게도 구상나무 외에도 헤아릴 수 없이 많은 우리나라 특산식물들이 국외로 빠져나갔어요. 국외에 실려 나간 우리 특산식물들이 개량되어 다시 우리나라로 수입되고 있어요. 더구나 최근 기후 변화 탓에 한라산과 지리산 고지대의 구상나무가 말라 죽고 있는 데다 세계적으로도 멸종 위기에 처해 있어요. 우리의 식물 자원을 소중하게 생각하고 보호해야 하겠지요.

 조금만 더

🌰 **구상나무(소나무과):** 잎 길이(9~14mm)는 분비나무보다 짧고, 폭(2.1~2.4mm)은 더 넓다. 열매조각 끝에 있는 침 모양의 돌기가 뒤로 젖혀진다.

🌰 **분비나무(소나무과):** 잎 길이(15~28mm)는 구상나무보다 길고, 폭(1.5~1.8mm)은 더 좁다. 열매조각 끝에 있는 침 모양 돌기가 뒤로 젖혀지지 않는다.

주목

주목과, 비밀의 독을 간직한 천 년 나무

- 늘푸른 큰키나무, 잎: 짧은 바늘잎

- 꽃: 암수딴그루, 수꽃은 갈색, 공 모양, 암꽃은 녹색, 둥근 모양, 4월

- 열매: 빨간색, 한쪽이 뚫린 공 모양, 9~10월

주목은 줄기 껍질과 속이 모두 붉은색이라 '붉을 주(朱)'와 '나무 목(木)' 자를 더해 붙인 이름이에요. 주목은 주로 태백산이나 지리산처럼 높은 산에서 저절로 자라요. 특히 소백산에 있는 주목 숲은 천연기념물이랍니다.

주목 한 그루가 어른 키 정도 자라는 데 최소한 10년 넘게 걸린답니다. 엄청나게 느리지요?

주목은 자라는 속도가 느린 대신 아주 오래 살아요. 천 년을 사는 것도 부족해 죽어서도 천 년 동안 썩지 않는다고 해요. 또한 주목은 잎이 풍성하고 잔가지가 많아서 다양한 모양으로 다듬기가 쉬워요. 물론 자라는 속도가 느려서 한번 만들어 놓은 모양이 잘 변하지 않지요. 그래서 정원이나 공원을 꾸밀 때 많이 심어요.

주목 열매를 자세히 살펴보면 매우 재미있는 점을 발견할 수 있어요. 보통 바늘잎나무들은 씨방이 없어서 열매에 과육이 생기지 않아요. 그런데 바늘잎나무 잎이 틀림없는 주목은 씨앗 주변에 동그랗고 빨간 모양의 과육 같은 것이 달려 있어요.

빨간 과육은 새들을 유혹하기 위한 특별 장치이지요. 항아리처럼 둥글게 뚫려 있어서 과육 윗부분으로 흑갈색 씨앗이 보여요. 주목 씨앗에는 독이 있어요. 실수로 씨앗을 건드리기라도 하면 크게 고생하게 되지요. 주목 열매를 먹는 새들은 씨앗이 다치지 않도록 조심조심 먹을 수밖에 없어요. 씨앗의 독은 씨앗을 지켜 주는 든든한 안전장치랍니다. 특이한 열매 모양은 주목을 다른 나무와 구별해 주는 강력한 특징일 뿐 아니라 새를 이용해 씨앗을 먼 곳까지 퍼뜨리는 주목만의 특별한 비법이지요.

꽃: 수꽃과 암꽃이 서로 다른 나무에서 핀다. 주목 꽃은 잎겨드랑이에서 한 개씩 피는데 수꽃은 달걀 모양으로 갈색이고, 암꽃은 비늘 조각으로 싸여 있으며 녹색이다.

줄기: 나무껍질이 붉고 얇게 벗겨지며 속이 붉다.

잎: 바늘잎은 돌려나고 길이가 2~2.5cm로 끝이 뾰족하다. 앞쪽은 짙은 녹색이나 뒤쪽은 2개의 연한 황록색 줄이 있다.

열매: 씨앗은 달걀 모양으로 한쪽이 뚫린 공 모양으로 빨갛게 익는다.

수꽃

암꽃

열매

열매

줄기

셰익스피어의 4대 비극 가운데 『햄릿』이 있어요. 『햄릿』에는 햄릿의 작은 아버지가 왕위를 빼앗기 위해 햄릿의 아버지인 왕이 잠든 사이에 독을 귀에 넣어 죽이는 장면이 있어요. 여기서 사용된 독이 바로 주목의 씨앗에서 나온 것이에요. 주목의 씨눈에는 암을 치료하는 데 쓰이는 택솔이라는 성분도 있어요.

주목은 오랜 시간을 들여 천천히 자라는 만큼 목재가 아주 단단하고 탄력이 있어요. 게다가 붉은 줄기가 아름다워 비싼 조각이나 가구 등을 만드는 데 많이 쓰여요.

조금만 더

🌰 **주목(주목과):** 잎이 돌려나며 끝이 뾰족하고 줄기가 붉다. 빨간 열매껍질이 씨앗의 반만 싸고 있다.

🌰 **눈주목(주목과):** 잎과 열매는 주목과 같다. 그러나 줄기 없이 밑에서 가지가 여러 갈래로 나뉘어 넓고 낮게 자란다. 가지와 잎이 촘촘하게 붙고 잎 폭이 주목보다 약간 넓다. 일본이 고향이다.

향나무

측백나무과, 향기로운 향으로는 으뜸인 나무

- 늘푸른 큰키나무, 잎: 바늘잎과 비늘잎이 함께

- 꽃: 암수딴그루, 암꽃은 연노란색, 둥근 모양,
  수꽃차례는 갈색, 긴 타원 모양, 4월

- 열매: 짙은 갈색, 둥근 모양, 다음해 10월

향나무는 이름처럼 나무줄기와 잎에서 강렬하고 독특한 향기가 나요. 옛날부터 향나무 줄기를 태운 연기를 제사의식 때 향불로 사용했어요. 향나무 줄기에서 나는 향은 더러운 것을 없애 주고 정신을 맑게 해 줄 뿐 아니라 하늘나라로 통하는 길이 되어 준다고 생각했대요. 그래서 옛날부터 궁궐이나 절, 정원에 향나무를 많이 심었어요. 향나무는 나무에서 향이 난다고 하여 목향(木香)이라고 부르며 향료로 쓰지요.

향나무 목재는 색이 곱고 향이 좋아 귀한 가구나 조각품을 만드는 데 사용해요. 울릉도 도동 절벽에서 자라는 향나무는 천연기념물로 우리나라에서 가장 오래 산 나무로 알려져 있어요. 나이가 자그마치 2천 살이랍니다.

향나무에는 두 종류의 나뭇잎이 있어요. 하나는 바늘 모양이고 또 하나는 비늘 모양이지요. 바늘 모양 잎은 어린 가지에 달려요. 바늘 모양이라 만지면 따가워요. 갓 자라나는 어린 가지를 보호하기 위한 전략이지요. 그리고 7~8년이 지난 튼튼한 가지에는 비늘 모양의 잎이 달려요.

향나무는 수꽃과 암꽃이 서로 다른 나무에서 피어요. 가을에 둥글게 열리는 열매는 새들에게 좋은 먹이가 되지요. 열매가 익어서 그냥 땅에 떨어지면 좀처럼 싹이 트지 않지만, 새들의 먹이가 되었다가 똥에 섞여 나오게 되면 싹이 잘 터요. 새 위장에서 나오는 위액이 딱딱한 껍질을 부드럽게 해 주거든요. 향나무 외 새 모두에게 좋은 서래인 셈이에요.

향나무는 다양한 모양을 만들 수 있어서 집 정원, 공원, 학교 등에 많이 심어요. 그런데 향나무를 배나무 옆에 심으면 큰일이 나요. 왜냐하면, 향나무가 배나무를 병들게 하는 나쁜 것들이 자랄 때까지 키워 주거든요. 다 자

꽃: 수꽃은 긴 타원 모양으로 지난해 난 가지 끝에 갈색으로 핀다. 암꽃은 비늘 조각으로 싸여 있으며 지난해 난 가지 끝이나 잎겨드랑이에서 노랗게 핀다.

줄기: 나무껍질은 세로로 길게 벗겨진다.

잎: 바늘잎과 비늘잎이 함께 달린다. 어린 가지에는 바늘 모양 잎이, 7~8년 이상 된 가지에는 비늘 모양 잎이 달린다.

열매: 짙은 갈색으로 둥글며 겉에 흰 가루가 묻어 있다.

수꽃

암꽃

잎

줄기

란 나쁜 것들이 배나무로 옮겨 가는 일은 상상만 해도 무서워요.

🌰 **향나무(측백나무과):** 바늘잎은 어린 가지에, 비늘잎은 7~8년생 가지에 달린다.

🌰 **눈향나무(측백나무과):** 땅 가까이 비스듬히 누워서 자라며 땅에 닿은 가지에서 뿌리가 내린다.

🌰 **둥근향나무(측백나무과):** 공처럼 둥글게 자라는 향나무로 잎은 바늘잎이 거의 나오지 않는다.

🌰 **노간주나무(측백나무과):** 산에서 저절로 자란다. 나무 모양이 빗자루 모양이며 바늘잎이 3장씩 돌아가며 난다.

🌰 **가이스카향나무(측백나무과):** 처음부터 바늘잎이 생기지 않도록 일본인 가이즈카가 개량한 향나무이다. 산가지가 잘 자라서 여러 가지 모양으로 자르기 쉬워 정원수로 많이 심는다.

측백나무

측백나무과, 군자와 닮아 사랑받은 나무

• 늘푸른 큰키나무, 잎: 비늘잎

• 꽃: 암수한그루, 암꽃은 연한 갈색, 둥근 모양,
　　 수꽃은 자줏빛 나는 연한 갈색, 달걀 모양, 4월

• 열매: 갈색, 뿔이 난 달걀 모양, 9~10월

측백나무는 손바닥처럼 납작한 작은 잎이 한쪽 면으로만 자라서 '곁, 옆, 가장자리'를 나타내는 한자 '측(側)' 자를 써서 '측백(側柏)나무'라고 불러요. 측백나무 잎은 자라는 모습뿐 아니라 생김새도 아주 특이해요. W 자 모양의 비늘 같은 것이 여러 개 겹쳐 있는 모양으로 잎의 앞면과 뒷면이 똑같아요. 그래서 예로부터 겉과 속이 똑같은 것이 군자와 같다고 하여 많은 사람의 사랑을 받아 왔어요.

측백나무는 잎이 늘 푸르고 키 또한 늘씬하게 커서 눈이 내리는 추운 겨울에 보면 더욱더 멋져요. 석회암 지대인 대구, 영양, 안동, 단양 등에서 저절로 자라요. 특히 대구광역시 동구 도동 마을 향산에 있는 측백나무 숲은 천연기념물 제1호로 지정되어 보호받고 있답니다.

측백나무 잎을 비비면 진한 향기가 나요. 이 향기 덕분에 측백나무에서는 곤충이나 균들을 찾아볼 수 없어요. 측백나무 꽃은 아주 작고 꽃잎도 없어 사람들 눈에 잘 띄지 않지만, 측백나무 열매는 새들이 좋아하는 먹이에요. 가을이 되어 열매가 갈색으로 익으면 푸른 측백나무 잎 사이로 새들이 몰려들지요. 측백나무 열매에는 도깨비방망이같이 뿔이 나 있어요. 같은 측백나무라고 해도 종류에 따라 열매에 난 뿔 모양이 달라서 열매만 보면 쉽게 이름을 알아맞힐 수 있답니다.

측백나무는 가지가 곧추서서 자라는 경향이 있어요. 측백나무는 생김새도 좋고 가꾸기도 어렵지 않아서 정원수나 울타리로 많이 심어요. 그래서 다양한 품종의 측백나무를 도시에서도 볼 수 있지요. 우리나라 특산인 눈측백은 나무가 땅 가까이 누워 자라요. 황금측백은 잎이 아름다운 황금빛이지

관찰해 볼까요?

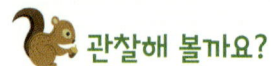

잎: W 자 모양의 납작한 비늘 모양 잎이 겹쳐져 있고 끝이 뾰족하다. 비비면 향이 난다.

열매: 열매는 달걀 모양으로 뿔이 나 있고 열매가 익으면 갈라지면서 씨앗이 나온다. 씨앗에 날개가 없다.

줄기: 나무껍질은 잿빛 도는 갈색으로 세로로 깊게 갈라진다.

꽃: 암꽃은 둥근 모양으로 연한 갈색으로 핀다. 수꽃은 달걀 모양으로 자줏빛이 도는 옅은 갈색으로 핀다.

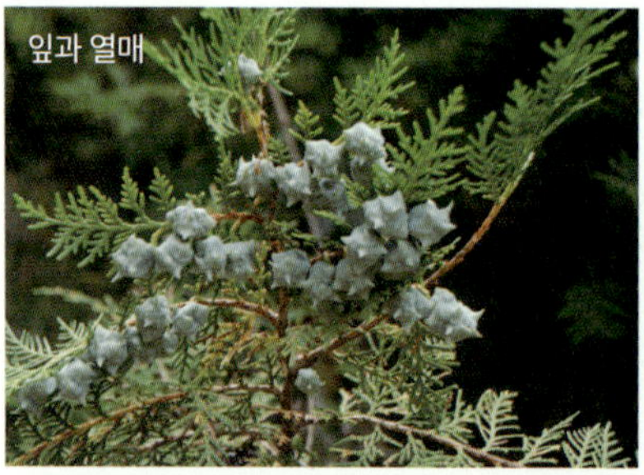
잎과 열매

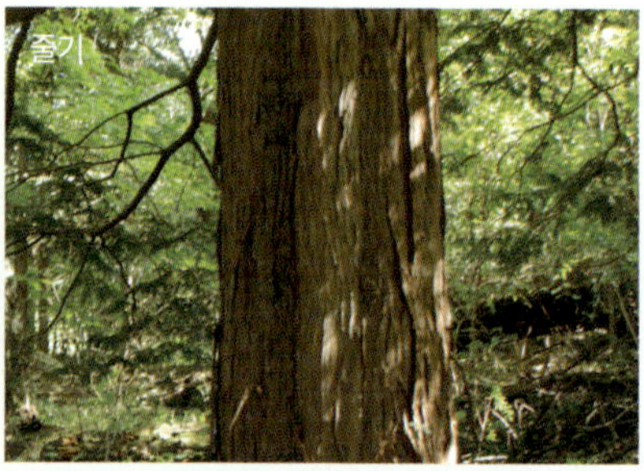
줄기

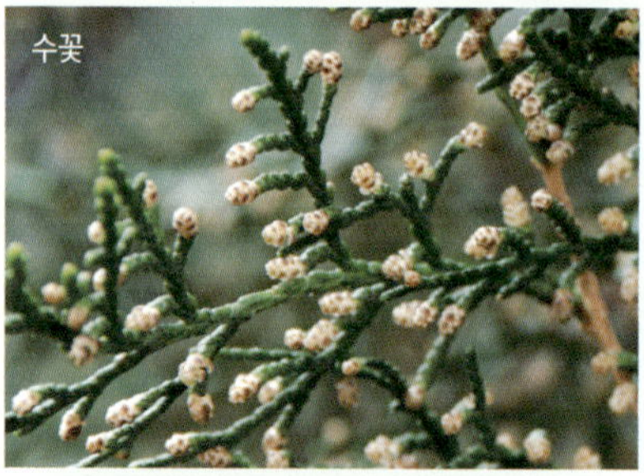
수꽃

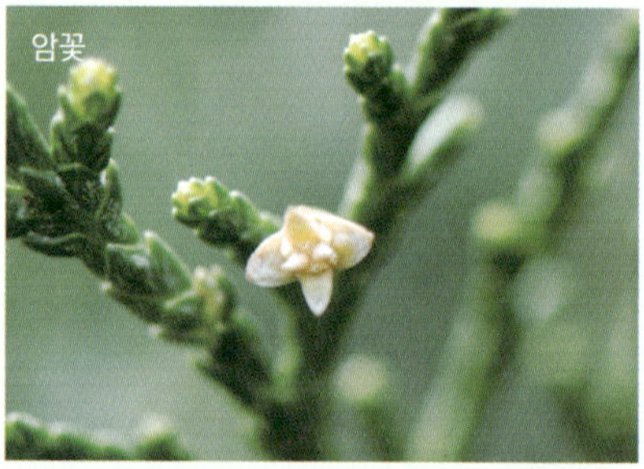
암꽃

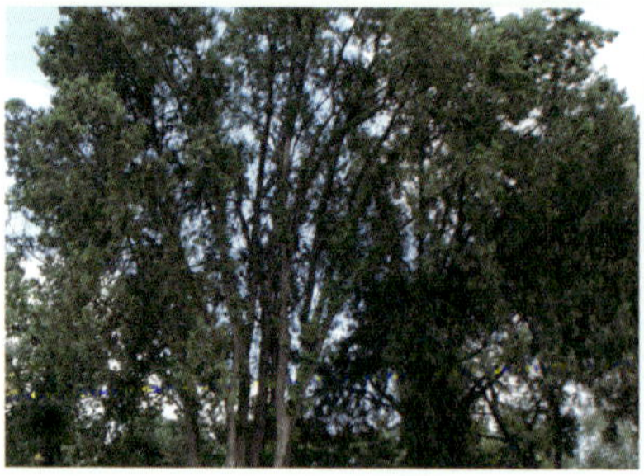

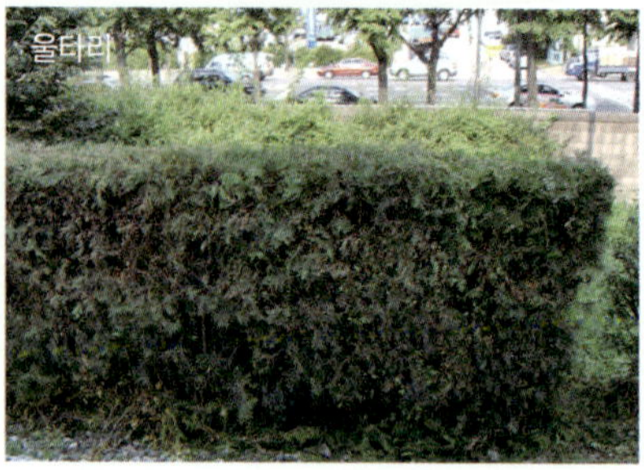
울타리

요. 둥근측백은 나무 모양이 둥근 공 같아요. 일본에서 들어온 편백과 화백은 측백나무와 생김새가 비슷해서 서로 혼동하는 경우가 많아요.

측백나무도 향나무처럼 배나무가 많은 곳에는 심으면 안 돼요. 하지만 측백나무는 우리 생활에 없어서는 안 되는 소중한 나무랍니다. 측백나무는 잎, 줄기, 뿌리, 열매 등 모든 부분을 약으로 사용해요.

 **조금만 더**

🌰 **측백나무(측백나무과):** 가지가 수직으로 갈피를 지어서 퍼진다. 잎 앞뒷면이 모두 초록색이며, 둥근 열매에 뿔 같은 돌기가 있다.

🌰 **서양측백(측백나무과):** 가지가 사방으로 퍼지고 나무 모양이 큰 타원 모양을 그린다. 잎 뒷면이 갈색 빛이 도는 초록색, 열매는 달걀 모양이다.

🌰 **화백(측백나무과):** 잎 뒷면에 숨구멍이 모여 흰색으로 보이며 모양이 W 자이다. 잎끝이 뾰족하며 열매가 둥글다.

🌰 **편백(측백나무과):** 잎 뒷면 흰 숨구멍이 Y 자 모양이다. 잎끝이 둥그스름하다. 열매가 둥글다. 일본이 고향이다.

사철나무

노박덩굴과, 사시사철 늘 푸른 나무

- 늘푸른 작은키나무, 잎: 달걀 모양

- 꽃: 암수한그루, 연두색, 6~7월

- 열매: 붉은색, 둥근 모양, 10월

봄·여름·가을·겨울! 하루도 빼놓지 않고 늘푸른 잎을 달고 있어서 '사철나무'라고 해요. '겨울에도 싱싱하고 살아 있는 나무'라는 뜻에서 '겨우살이나무'라고 부르기도 해요. 또 겨울을 뜻하는 글자 '동(冬)'과 푸른색을 뜻하는 글자 '청(靑)'을 써서 '동청목'이라는 이름도 가지고 있어요. 사철나무는 우리나라 중부지방보다 남쪽인 곳에서 저절로 자라요. 하지만 사철나무는 몹시 추운 곳만 아니라면 어디서나 볼 수 있어요. 메마른 땅이든, 진땅이든, 그늘진 곳이든, 공해가 심한 곳이든, 심지어 소금기 있는 곳에서도 잘 자라요. 대단하지요?

추운 겨울을 보내고 파릇파릇 돋아나는 사철나무 새순은 움츠린 몸에 신선한 에너지를 불어넣어 주어요. 서로 마주 보고 돋아나는 잎은 달걀 모양으로 두껍고 질겨요. 사철나무의 두껍고 질긴 잎은 아무리 거센 비바람도 지독한 추위도 이겨 낼 수 있게 해 주지요. 특히 잎 앞쪽은 반들반들 윤기가 나요. 추운 겨울에도 잎을 단 나무들 가운데는 사철나무처럼 기름을 바른 듯이 반짝이는 나무가 많아요. 얇은 잎을 그대로 드러내는 것보다 한 겹이라도 더 입는 쪽이 추위를 잘 이겨 낼 수 있잖아요.

사철나무는 키우기도 쉽고, 원하는 모양대로 자르고 가지치기를 해도 괜찮아요. 그래서 정원과 공원을 멋지게 꾸미거나 여러 그루를 나란히 심어 울타리 대신 사용하기도 해요. 또한 초여름에 피어나는 사철나무 꽃은 아주 작고 귀여워요. 여러 송이의 꽃이 모여 하나의 꽃자루를 이루는 모양으로 동글동글한 꽃잎 4장이 서로 마주 보며 피지요. 사철나무 꽃은 암술과 수술을 모두 갖춘 훌륭한 양성화랍니다. 하지만 색이 은은하고 작아서 사람들이

잎: 달걀 모양으로 두껍고 질기며 가장자리에 얕은 톱니가 있다. 잎의 앞쪽이 반들반들하다.

열매: 둥글며 붉게 익는다.

꽃: 노란빛 나는 연두색 꽃잎이 4장으로 서로 마주난다.

줄기: 어린 가지는 녹색이며 모가 진다. 여러 갈래로 갈라져 있다.

잎

꽃

열매

꽃

울타리

꽃이 핀 줄도 모르고 지나치는 일이 많아요.

사철나무의 수술대는 꽃잎 사이사이에 삐죽 튀어나와 있어요. 가능하면 암술대와 멀리 떨어지려는 전략이겠지요? 암술대는 반들반들한 초록빛 씨방 위에 기둥 모양으로 우뚝 솟아 있어요. 사철나무 암술머리는 넓적해서 곤충들이 가져온 꽃가루가 더욱 많이 붙을 수 있어요. 사철나무의 암술대는 꽃가루받이가 끝나고 나서도 오래도록 남아 커가는 씨앗을 보호해요.

사철나무 열매는 가을이면 붉게 변해요. 잘 익은 사철나무 열매는 껍질이 4갈래로 갈라지지요. 갈라진 껍질 사이에 열매 속에 숨어 있던 빨간 씨앗이 실에 매달린 채 새들을 유혹해요. 사철나무 씨앗은 새들의 도움을 받아 먼 곳까지 이동한답니다.

사철나무는 우리나라 사람들뿐 아니라 중국과 일본에서도 볼 수 있는 친근한 나무예요. 또한 삭막한 겨울에 우리에게 푸름을 선물해 주는 고마운 나무랍니다.

 조금만 더

🌰 줄사철나무(노박덩굴과): 사철나무와 모습은 비슷하나 줄기가 덩굴져 물체를 감고 올라간다. 잎 가장자리가 노란 것은 금테사철, 잎에 흰색 줄이 있으면 은테사철이라고 한다.

회양목

회양목과, 단단해서 도장 재료로는 으뜸인 나무

· 늘푸른 작은키나무, 잎: 작은 달걀 모양

· 꽃: 암수한그루, 암꽃과 수꽃은 모두 노란색, 4월

· 열매: 갈색, 둥근 모양, 7~8월

회양목은 겨울에도 잎이 떨어지지 않는 늘푸른나무랍니다. 사람들은 늘푸른나무라고 하면 모두 소나무나 잣나무처럼 잎이 뾰족한 나무를 떠올리지요. 하지만 회양목 잎은 작은 달걀 모양으로 끝이 오목하게 들어가 있고 가운데는 뚜렷한 잎맥까지 있어요. 하지만 늘푸른나무임에 틀림이 없지요.

회양목은 우리나라 산에서 저절로 자라요. 석회암 지대가 발달한 강원도 북쪽 '회양(淮陽)'이라는 고장에서 많이 자라서 '회양목'이라는 이름이 붙었대요. 회양목은 석회질이 많은 곳에서 잘 자라요. 옛말 중에 '회양목이 잘 자라는 곳에서는 물을 마시지 말라'는 말이 있어요. 석회질이 많은 물을 마시면 탈이 날 수 있어서 생긴 말이라고 하지요.

회양목은 추위와 공해에 강하고 메마른 땅에서도 씩씩하게 살아요. 물론 적당한 양의 물이 있고 땡볕을 가려 줄 나무가 있는 곳에서는 더욱더 잘 자라요. 요즘은 회양목을 보고 싶으면 도시의 공원이나 학교, 아파트 화단 등을 살펴보면 돼요. 회양목은 동그란 모양으로 다듬어 여러 그루를 모아 심거나 나란히 심어 울타리 대신 많이 쓰지요. 잘 다듬어진 회양목을 보면 회양목이 키가 아주 작은 나무라고 생각하기 쉬워요. 그러나 아주 오래된 회양목은 키가 7m까지 자라기도 한답니다.

회양목은 겨울에도 잎이 떨어지지 않아요. 겨울이 되면 잎에 붉은빛이 돌기도 해요. 잎이 얼지 않도록 당분을 농축해 놓았기 때문이지요. 회양목은 잎이 두 겹으로 되어 있어서 아무리 추운 겨울에도 얼지 않아요. 회양목 잎끝을 잘라 보면 공기로 빵빵하게 채우려고 속을 비워 놓은 것을 볼 수 있어요.

잎: 작은 달걀 모양으로, 두껍고 질기며 윤이 난다. 가장자리가 밋밋하다.

열매: 둥그스름하고 끝에 뿔 같은 돌기가 3개 나온다.

꽃: 암꽃에는 3갈래로 갈라진 암술이 있고, 수꽃에는 3개의 수술과 1개의 암술 흔적이 있다.

줄기: 어린 가지는 녹색이고 네모지며 털이 나 있다.

잎

꽃

잎과 열매

잎과 열매

열매

울타리

이른 봄에 피어나는 회양목 꽃은 꽃잎이 없어 볼품없어 보여요. 하지만 향기가 무척 강해서 이른 봄이면 굶주린 벌들이 회양목에서 정신없이 맛난 꿀을 먹는 모습을 볼 수 있어요. 꽃이 피고 나면 부드러운 새싹이 아주 연한 연둣빛을 띠고 바로 돋아나요. 6~7월이면 잘 익은 열매가 벌어진 모양이 마치 부엉이처럼 보여요.

회양목은 아주 더디게 자라는 나무로 유명해요. 줄기의 지름이 25cm 정도 되려면 600~700년가량 걸린다고 할 정도랍니다. 그러나 덕분에 목재가 촘촘하고 단단한 데다가 물기를 잘 빨아들여서 도장을 만드는 재료로 으뜸이지요. 그래서 회양목을 '도장나무'라고 부르기도 해요.

회양목과 닮은 나무로 꽝꽝나무가 있어요. 꽝꽝나무는 여러 가지 쓰임새가 회양목과 비슷해요.

조금만 더

🌰 **꽝꽝나무(감탕나무과):** 잎이 두꺼워 불에 타면 '꽝꽝' 소리를 내며 타서 '꽝꽝나무'라고 부른다. 꽝꽝나무는 회양목보다 잎의 끝이 바깥쪽으로 둥그스름하게 말려 있고 둥그랗고 매끈한 열매가 맺힌다.

🌰 **섬회양목(회양목과):** 남부 섬지방에서 자란다. 회양목보다 잎이 둥근 모양으로 크고 두껍다. 작은 잎 모양이 동글동글하다.

자작나무

자작나무과, 숲속의 멋쟁이 나무

- 잎이 지는 큰키나무, 잎: 세모 느낌이 나는 달걀 모양
- 꽃: 암수한그루, 암꽃차례는 붉은색, 원통 모양,
  수꽃차례는 연갈색, 꼬리 모양, 4~5월
- 열매: 갈색, 원통 모양, 9~10월

자작나무는 나무껍질에 기름 성분이 많아서 불에 태우면 '자작자작' 소리가 난다고 해서 '자작나무'예요. 희고 쉽게 벗겨지는 나무껍질은 자작나무의 이름표이자 자랑거리지요. 그 모습이 마치 하얀 신사복을 차려입은 듯해서 '숲의 귀족', '숲의 여왕' 등의 별명으로 불리기도 해요.

자작나무는 북쪽 추운 지방에서 숲을 이루고 자라요. 그래서 추운 러시아가 배경인 영화에서 멋진 자작나무 숲을 종종 볼 수 있어요. 특히 흰 나무껍질을 자랑하며 하늘을 향해 쭉쭉 뻗어 있는 모습은 아주 매력적이에요. 우리 주변에서도 자작나무의 멋진 모습에 반해 공원이나 아파트 정원 등에 심는 곳이 늘어나고 있답니다.

자작나무는 추운 곳에서 잘 자라지만, 늘푸른나무는 아니에요. 가을이면 가장자리에 톱니무늬가 있는 자작나무 잎이 고운 노란 빛으로 물들지요. 커다란 줄기를 따라 노란 잎이 떨어지는 모습은 정말 아름다워요.

자작나무가 추운 지방에서 살아가는 데는 남다른 비결이 있어요. 나무껍질에 기름 성분이 많아 몸이 얼지 않도록 보호해요. 또 겨울이 되면 줄기가 더 하얗게 돼요. 하얀 가루가 손가락에 묻어날 정도이지요. 왜 그럴까요? 겨울을 잘 보내려는 준비예요. 추운 겨울을 이겨 내는 데 가장 중요한 것은 수분이 빠져나가는 것을 막는 일이에요. 그래서 빛을 반사하는 흰색 나무껍질에다 하얀 가루까지 준비해서 수분이 빠져나가는 것을 막으려고 하는 것이지요.

4~5월에 피는 자작나무 꽃은 그리 아름답다고 말할 수는 없어요. 수꽃은 땅을 향해, 암꽃은 하늘을 향해 피어요. 수꽃송이가 잔뜩 매달린 모양은

관찰해 볼까요?

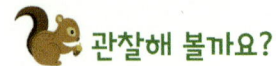

잎: 세모 모양 가장자리에 톱니가 있다.

열매: 열매 이삭은 원통 모양으로 작은 씨앗에 날개가 둥글게 달렸다.

꽃: 수꽃 뭉치는 6~8cm로 밑으로 처진다. 암꽃 뭉치는 약 2cm로 위로 선다.

줄기: 나무껍질이 하얗다.

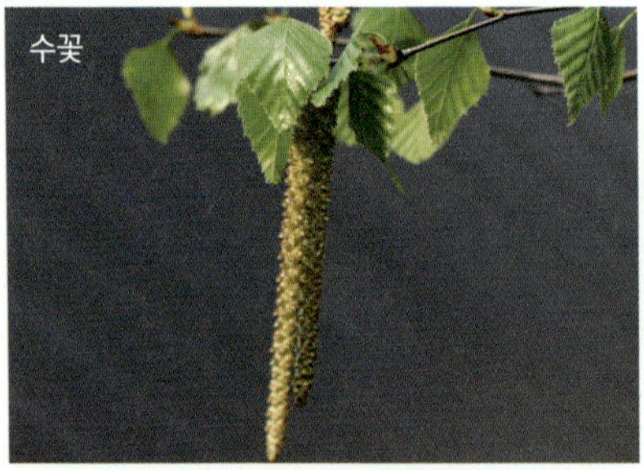
수꽃

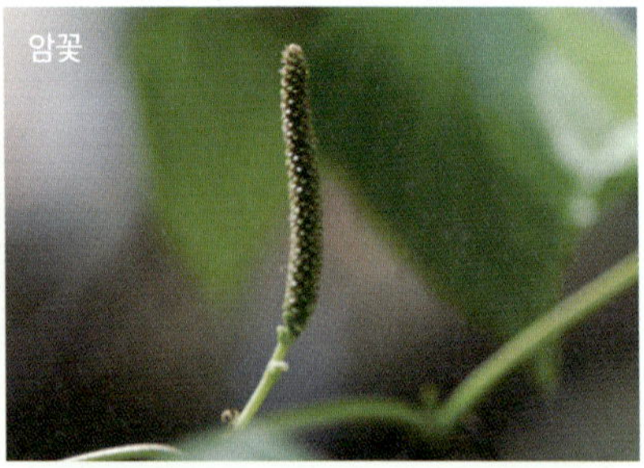
암꽃

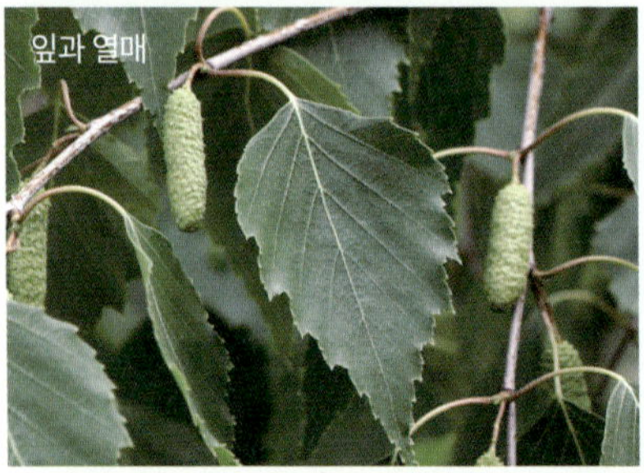
잎과 열매

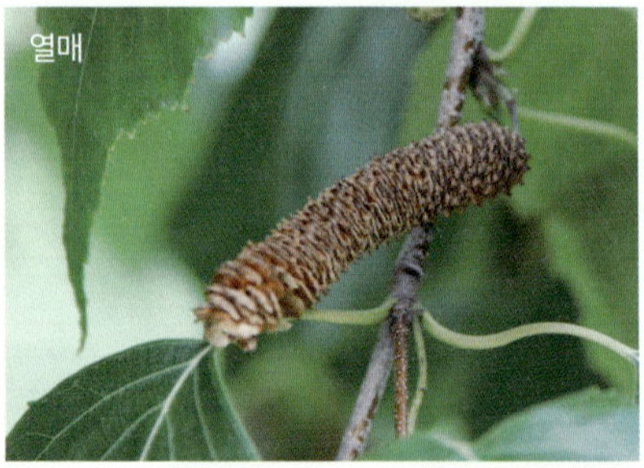
열매

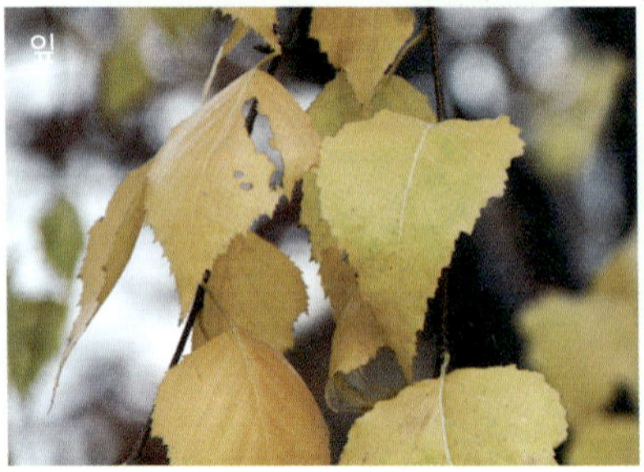
잎

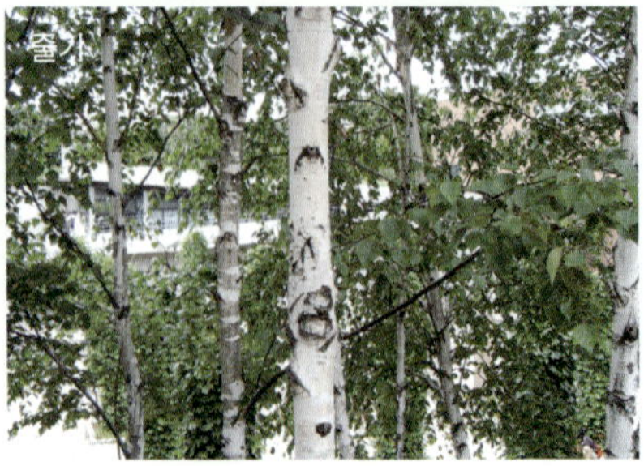
줄기

마치 꼬리 같아요. 자작나무 열매는 암꽃과 같은 모습이에요. 작은 씨앗에 날개가 둥글게 달린 모양으로 바람이 불면 도르르 풀려 날아가요.

자작나무 껍질은 기름 성분이 많아 잘 썩지 않고 습기에 강해요. 그래서 나무껍질로 지붕을 덮기도 하고, 껍질에 불을 붙여 촛불 대신 사용하기도 해요. 또 나무껍질을 얇게 벗겨서 종이 대신 쓰기도 했답니다.

자작나무 목재는 단단하고 치밀해서 벌레가 잘 먹지 않아요. 그래서 해인사에 있는 팔만대장경의 목판, 도산서원의 문서를 기록한 목판 등 오래도록 보존해야 할 중요한 내용을 기록하는 목판의 재료로 쓰였어요.

자작나무 줄기에서는 물이 많이 나와요. 자작나무 물은 건강에 좋다고 해요. 북쪽 지방에서는 귀한 손님이 오면 자작나무에서 추출한 물을 대접했대요. 자일리톨 껌도 바로 자작나무에서 뽑아낸 물을 가지고 만든 것이지요.

자작나무는 추운 곳을 좋아할 뿐 아니라 공해에도 약해요. 그래서 따뜻한 곳에 사는 자작나무는 하얀 나무껍질에 검은 때가 묻은 것처럼 보여요. 나무들은 원래 자신에게 맞는 기후와 토양 아래에서 가장 멋지게 자라는 법이랍니다.

 **조금만 더**

🌰 **거제수나무(자작나무과)**: '물자작'이라고도 부른다. 잎은 달걀 모양에 가깝다. 나무껍질은 희고 갈색이 돌며 종이처럼 얇게 벗겨진다.

찾아보기

꽃 색깔로 찾기

흰색

노란색

분홍색

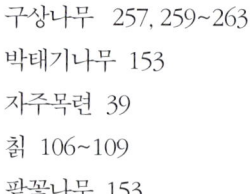

꽃 피는 모양으로 찾기

단독꽃차례(홀로 피는 꽃)

단독꽃차례(올망졸망 모이는 꽃)

산형꽃차례(우산 모양 꽃)

산방 꽃차례(깔때기 모양 꽃)

총상꽃차례(긴 꽃대에 차례대로 달리는 꽃)

원추꽃차례(원뿔 모양 꽃)

나뭇잎 모양으로 찾기

비늘 모양

달걀 모양

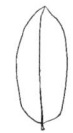

긴 달걀 모양

타원 모양

긴 타원 모양

키와 특징으로 찾기

· **큰키나무**: 키가 8미터 이상으로 원줄기와 가지가 뚜렷하게 구별된다.
· **중간키나무**: 키가 보통 2~8미터로 숲의 중간층을 이루고 있다.
· **작은키나무**: 키가 2미터를 넘지 않고 원줄기와 가지가 확실하게 구별되지 않는다.

열매 색깔로 찾기

열매 모양으로 찾기

꼬투리 열매(협과)

날개 열매(시과)

굳은 열매(견과)

무리 열매(취합과)

나무 이름으로 찾기

나무가 좋아지는 나무책

1판 1쇄 펴냄 2020년 5월 22일
1판 3쇄 펴냄 2023년 7월 31일

지은이 박효섭

주간 김현숙 | **편집** 김주희, 이나연
디자인 이현정, 전미혜
영업 백국현 | **관리** 오유나

펴낸곳 궁리출판 | **펴낸이** 이갑수

등록 1999년 3월 29일 제300-2004-162호
주소 10881 경기도 파주시 회동길 325-12
전화 031-955-9818 | **팩스** 031-955-9848
홈페이지 www.kungree.com | **전자우편** kungree@kungree.com
페이스북 /kungreepress | **트위터** @kungreepress
인스타그램 /kungree_press

ISBN 978-89-5820-668-2   73480